AUTOMATIZACIÓN EN CÁMARAS DE MÁQUINAS DE BUQUES

Optimización y Control Inteligente de Máquinas Marinas

ANDRÉS MERINO T.

Copyright © 2012 Nombre del autor

Todos los derechos reservados.

ISBN: 9798336451498

DEDICATORIA

A mi familia, por el tiempo que he dejado de estar con ellos para escribir este
Libro

CONTENIDO

1. INTRODUCCIÓN A LA AUTOMATIZACIÓN EN BUQUES 3
    1.1. Historia y evolución de la automatización en la industria marítima . 3
    1.2. Beneficios y desafíos de la automatización en las cámaras de máquinas 4
    1.3. Normativas y regulaciones internacionales 6
2. FUNDAMENTOS DE LA AUTOMATIZACIÓN 7
    2.2. Componentes y sistemas de automatización 9
    2.3. Arquitectura de sistemas automatizados en buques 10
3. SENSORES Y SU ROL EN LA AUTOMATIZACIÓN MARÍTIMA 11
    3.1. Introducción a los Sensores en Entornos Marítimos 12
        3.1.1. Importancia de los sensores en la automatización de buques . 12
        3.1.2. Condiciones operativas específicas en la cámara de máquinas 12
        3.1.3. Requisitos y normativas para sensores en entornos marítimos 13
    3.2. Clasificación de Sensores Utilizados en Buques 14
        3.2.1. Sensores de temperatura 14
        3.2.2. Sensores de presión 16
        3.2.3. Sensores de flujo y nivel 17
        3.2.4. Sensores de vibración y condición mecánica 19
        3.2.5. Sensores de posición y desplazamiento 19
        3.2.6. Sensores de gases y fugas 20
    3.3. Principios de Funcionamiento de los Sensores 21
        3.3.1. Sensores mecánicos vs. Electrónicos 21
        3.3.2. Tecnologías de medición: resistiva, capacitiva, inductiva, óptica 21

- 3.3.3. Integración y conversión de señales de sensores 22
- 3.4. Instalación y Mantenimiento de Sensores 22
  - 3.4.1. Selección de ubicaciones para la instalación de sensores 23
  - 3.4.2. Procedimientos de instalación y calibración 23
  - 3.4.3. Mantenimiento preventivo y correctivo 23
  - 3.4.4. Diagnóstico y resolución de problemas comunes 24
- 3.5. Interconexión y Comunicación de Sensores 24
  - 3.5.1. Protocolos de comunicación en sensores marítimos 24
  - 3.5.2. Redes de sensores inalámbricos 27
  - 3.5.3. Integración con sistemas de control y monitoreo 27
- 3.6. Impacto de los Sensores en la Eficiencia y Seguridad Operativa 28
  - 3.6.1. Mejora en la eficiencia energética 28
  - 3.6.2. Reducción de riesgos y mejora de la seguridad 29
  - 3.6.3. Cumplimiento de normativas ambientales 29
- 3.7. Sensores Inteligentes y su Impacto en la Automatización 30
  - 3.7.1. Sensores con capacidades de autodiagnóstico y autoajuste 30
  - 3.7.2. Integración de sensores con sistemas de inteligencia artificial 32
  - 3.7.3. Sensores inalámbricos y su aplicación en buques 33
- 3.8. Estudio de Casos: Aplicaciones de Sensores en la Cámara de Máquinas 36
  - 3.8.1. Monitoreo de motores principales y auxiliares 36
  - 3.8.2. Control de sistemas de refrigeración y lubricación 37
  - 3.8.3. Detección temprana de fallos en sistemas críticos 38
- 3.9 Reguladores de Velocidad 39
  - 3.9.3. Reguladores mecánicos: 40
  - 3.9.4 Reguladores neumáticos: 40
  - 3.9.5 Reguladores hidráulicos 41

3.9.6 Reguladores hidráulicos isócronos 41

3.9.7 Regulador hidráulico isócrono con caída de velocidad ajustable 41

3.9.8 Regulador hidráulico con caída de velocidad permanente 41

3.9.9 Regulador electrónico 42

3.10. Futuro de los Sensores en la Automatización Marítima 42

3.10.1. Avances tecnológicos en sensores para entornos marítimos. 42

3.10.2. Desarrollo de sensores multifuncionales y nanomateriales ... 43

3.10.3. Perspectivas de integración con el Internet de las Cosas (IoT) y sistemas autónomos 44

4. SISTEMAS DE CONTROL Y MONITOREO 45

4.1. Sistemas de control para motores principales y auxiliares 46

4.2. Supervisión y control de sistemas de propulsión 47

4.3. Monitoreo de parámetros críticos: presión, temperatura, flujo, etc. 48

4.4. Sistemas de alarma y respuesta ante emergencias 50

5. REDES Y COMUNICACIONES EN LA AUTOMATIZACIÓN MARÍTIMA 52

5.1. Redes de control industrial: CAN, Modbus, Profibus 52

5.2. Comunicaciones a bordo: Ethernet, Wi-Fi, Comunicaciones por satélite 54

5.3. Ciberseguridad en redes marítimas 55

6. SISTEMAS INTEGRADOS DE GESTIÓN DE BUQUES (INTEGRATED SHIP MANAGEMENT SYSTEMS) 57

6.1.1. Definición y objetivos 58

6.1.2. Arquitectura típica de los ISMS 58

6.2. Automatización del Control de la Planta Propulsora 59

6.2.1. Componentes de la planta propulsora 59

6.2.2. Ventajas de la automatización 60

6.3. Sistemas de Gestión de Energía 60

    6.3.1. Control de generación de energía 60

    6.3.2. Distribución de energía 61

    6.3.3. Optimización del consumo 61

    6.3.4. Integración de energías renovables 61

    6.4.1. Importancia del manejo de lastre 62

    6.4.2. Automatización del control de lastre 63

    6.4.3. Tratamiento de agua de lastre 63

7. CONTROL AUTOMÁTICO DE LA PLANTA ELÉCTRICA 63

7.1. Estructura y Componentes de la Planta Eléctrica en Buques 64

7.2. Generadores: Control de Carga y Sincronización Automática.........65

7.3. Sistemas de Distribución Eléctrica Automatizados............................65

7.4. Gestión de la Demanda Eléctrica y Balanceo de Carga 66

7.5. Protección y Seguridad en Sistemas Eléctricos Automatizados 67

7.6. Integración de Energías Renovables y Almacenamiento en la Planta Eléctrica 67

7.7. Monitoreo y Diagnóstico de Fallos en la Planta Eléctrica.................68

8. AUTOMATIZACIÓN Y FUNCIONAMIENTO DEL MOTOR PRINCIPAL..68

8.1. Tipos y Características de Motores Principales Marinos 69

8.2. Sistemas de Control Automatizado del Motor Principal 69

8.3. Gestión Automática de Arranque, Parada y Cambio de Carga 70

8.4. Control de Parámetros Operativos: Presión, Temperatura, Velocidad...70

8.5. Supervisión y Ajuste de Sistemas de Combustible y Lubricación 71

8.6. Detección y Gestión de Fallos en el Motor Principal.......................71

8.7. Impacto de la Automatización en la Eficiencia y Rendimiento del Motor 72

9. AUTOMATIZACIÓN Y SEGURIDADES DE LOS MOTORES DIÉSEL 73

9.1. Fundamentos de los Motores Diésel Marinos 73

9.2. Sistemas de Control Automatizado para Motores Diésel 74

9.3. Monitoreo de Parámetros Críticos: Presión, Temperatura, Velocidad 74

9.4. Protección Contra Sobrecarga y Sobrecalentamiento 75

9.5. Sistemas de Alarma y Paro Automático 75

9.6. Mantenimiento Predictivo y Diagnóstico de Fallos 76

9.7. Mejores Prácticas en la Automatización de Motores Diésel 76

9.8. Control Automático de Bombas y Compresores 77

    9.8.1. Tipos de Bombas y Compresores en la Cámara de Máquinas .. 77

    9.8.2. Automatización del Arranque y Paro de Bombas y Compresores 78

    9.8.3. Control de Presión y Flujo en Sistemas de Bombeo 78

    9.8.4. Monitoreo y Diagnóstico de Fallos en Compresores 79

    9.8.5. Integración de Sistemas de Control de Bombas y Compresores con Sensores 79

10. AUTOMATIZACIÓN DEL MANTENIMIENTO PREDICTIVO 80

10.1. Mantenimiento Basado en Condición (CBM) 81

10.2. Uso de Datos y Análisis Predictivo en la Automatización 82

10.3. Implementación de Sistemas de Mantenimiento Automatizado .. 82

11. AUTOMATIZACIÓN DE SISTEMAS DE SEGURIDAD Y EMERGENCIA 83

11.1. Sistemas Automáticos de Extinción de Incendios 84

11.2. Automatización en Sistemas de Detección de Gases y Fugas 85

11.3. Protocolos de Emergencia Automatizados 85

11.4. Sistemas de Seguridad Intrínseca 86

12. DESAFÍOS Y TENDENCIAS FUTURAS 94

12.1. Integración de la Automatización con Tecnologías Emergentes

(IoT, Big Data, IA) 95

12.2. Automatización en Buques Autónomos 95

12.3. Impacto Ambiental y Sostenibilidad en la Automatización
Marítima 96

13. ESTUDIOS DE CASOS Y APLICACIONES PRÁCTICAS 97

13.1. Implementación de Sistemas Automatizados en Buques Modernos
....97

13.2. Lecciones Aprendidas de Incidentes y Fallos de Automatización ..98

13.3. Mejores Prácticas y Recomendaciones para la Automatización en
la Industria Marítima 99

GLOSARIO DE TÉRMINOS DE AUTOMATIZACIÓN EN MÁQUINAS MARINAS 101

REFERENCIAS NORMATIVAS 107

REFERENCIAS BIBLIOGRÁFICAS 108

SOFTWARE Y HERRAMIENTAS DE SIMULACIÓN Y DISEÑO PARA AUTOMATIZACIÓN MARÍTIMA 111

INDICE DE FIGURAS 115

ACERCA DEL AUTOR 117

AGRADECIMIENTOS

A mi Familia, por la paciencia que han tenido conmigo al permitirme escribir este Libro y a los Ingenieros de los diferentes Astilleros y Proveedores con los que hemos contactado y con sus explicaciones y paciencia nos fueron dando las claves para el diseño y la tecnología de este libro. Igualmente a Hispano Radio Marítima, y en especial, a Alejandro Asurmendi, sin cuyo apoyo, no hubiera sido posible la introducción del área de Automatización de Cámaras de Máquinas en HRM.

1. Introducción a la Automatización en Buques

La automatización en la industria marítima ha experimentado un desarrollo significativo en las últimas décadas, transformando las operaciones en los buques y mejorando la eficiencia, seguridad y sostenibilidad. Este capítulo ofrece una visión general de la automatización en las cámaras de máquinas de los buques, abarcando su evolución histórica, beneficios, desafíos y el marco normativo que regula su implementación.

1.1. Historia y evolución de la automatización en la industria marítima

La automatización en la industria marítima comenzó a tomar forma a mediados del siglo XX con la introducción de sistemas de control básicos en los motores y sistemas auxiliares de los buques. Inicialmente, estos sistemas se limitaban a tareas como el control de velocidad de los motores principales y la regulación de parámetros críticos, como la presión y la temperatura. A medida que avanzaba la tecnología, especialmente en el ámbito de la electrónica y la informática, la automatización se expandió para incluir una gama más amplia de sistemas a bordo, como la planta eléctrica, sistemas de carga, sistemas de navegación y sistemas de comunicación.

En las décadas recientes, el desarrollo de sistemas integrados y la implementación de tecnologías de la información y comunicación (TIC) han permitido que los buques operen con un grado de automatización sin precedentes. La introducción de redes de sensores, sistemas de control distribuido y la creciente capacidad de procesamiento de datos han llevado a la creación de buques cada vez más autónomos y eficientes.

1.2. Beneficios y desafíos de la automatización en las cámaras de máquinas

La automatización en las cámaras de máquinas de los buques ofrece numerosos beneficios, entre los que se destacan:

-Mejora de la eficiencia operativa: Los sistemas automatizados optimizan el uso de los recursos, reduciendo el consumo de combustible y minimizando los tiempos de inactividad.

-Incremento de la seguridad: La automatización permite una supervisión continua y precisa de los sistemas críticos, lo que reduce el riesgo de fallos y accidentes.

-Reducción de la carga de trabajo de la tripulación: Los sistemas automatizados asumen tareas rutinarias y repetitivas, permitiendo que la tripulación se enfoque en la toma de decisiones estratégicas y el mantenimiento.

-Mantenimiento predictivo: Gracias a la monitorización continua de los equipos y el análisis de datos en tiempo real, es posible anticipar fallos y realizar intervenciones preventivas antes de que se produzcan problemas graves.

No obstante, la automatización también plantea una serie de desafíos:

-Complejidad de los sistemas: La integración de múltiples sistemas automatizados requiere una alta especialización y una profunda comprensión de las tecnologías involucradas.

-Ciberseguridad: La conectividad de los sistemas automatizados a redes externas hace que los buques sean vulnerables a ciberataques, lo que exige medidas de protección robusta.

-Dependencia tecnológica: El aumento de la automatización conlleva una dependencia creciente de los sistemas electrónicos y de software, lo que puede ser problemático en situaciones de fallo técnico o mal funcionamiento.

-Resistencia al cambio: La transición hacia sistemas automatizados puede encontrar resistencia en la tripulación y en los operadores de buques, quienes deben adaptarse a nuevas formas de trabajo y adquirir nuevas competencias.

De cualquier forma, consideramos que es fundamental que el profesional de máquinas conozca el funcionamiento del mecanismo a automatizar así como sus limitaciones y posteriormente, en una segunda etapa, qué funciones se va a automatizar y la forma en que ello se realiza.

No es suficiente que el profesional sepa manejar un programa informático sino las funciones que ejecuta ese programa así como las limitaciones a las que puede estar sometido.

Por esta razón, hemos puesto gran interés en la parte fundamental de un automatismo, como son los sensores, que en realidad, son los ojos y las manos del autómata. Mal funciona un programa de automatización, si los sensores en los que basan sus datos, no son fiables.

1.3. Normativas y regulaciones internacionales

La implementación de sistemas automatizados en los buques está regulada por un conjunto de normativas internacionales que buscan garantizar la seguridad, la protección del medio ambiente y la eficiencia operativa. Entre las principales organizaciones y convenciones que regulan la automatización en la industria marítima se encuentran:

-Organización Marítima Internacional (OMI): La OMI establece normas globales para la seguridad y protección del medio ambiente marítimo, incluyendo regulaciones sobre la automatización y la operación segura de los buques.

-Convenio SOLAS (Safety of Life at Sea): Establece requisitos mínimos de seguridad para la construcción, el equipo y la operación de buques mercantes. Las disposiciones de SOLAS incluyen requisitos sobre la automatización de la maquinaria y los sistemas de control.

-Código ISM (International Safety Management Code): Establece un marco para la gestión segura de las operaciones de los buques, incluida la gestión de los sistemas automatizados a bordo.

-Requisitos de clasificación de sociedades: Organizaciones como Lloyd's Register, Bureau Veritas y DNV GL establecen normas técnicas para el diseño, la construcción y el mantenimiento de los buques, incluyendo aspectos relacionados con la automatización.

Este capítulo establece la base para entender el contexto en el que se desarrolla la automatización en las cámaras de máquinas de los buques, preparando el terreno para explorar los aspectos técnicos y prácticos que se abordarán en los capítulos siguientes.

Figure 1

Motor Marino

2. Fundamentos de la Automatización

Este capítulo aborda los conceptos esenciales de la automatización, centrándose en cómo se aplican en los buques y más específicamente, en las cámaras de máquinas. Se exploran los principios básicos, los componentes clave y la arquitectura de los sistemas automatizados, proporcionando una comprensión sólida que servirá de base para los temas más avanzados del libro.

2.1. Conceptos básicos de automatización

La automatización implica el uso de tecnologías para realizar procesos y operaciones sin intervención humana directa. En el contexto de los buques, la automatización se emplea para mejorar la eficiencia, la seguridad y la fiabilidad de las operaciones en las cámaras de máquinas. Los conceptos fundamentales incluyen:

Control de Procesos: Se refiere a la regulación automática de parámetros como presión, temperatura, velocidad y flujo dentro de los sistemas del buque. Los sistemas de control utilizan algoritmos y bucles de retroalimentación (feedback loops) para mantener los parámetros dentro de los límites deseados.

Automatización Distribuida: En lugar de un único sistema central que controla todas las funciones, la automatización distribuida divide las tareas entre varios controladores más pequeños, cada uno responsable de una parte específica del sistema del buque. Esto mejora la fiabilidad y la flexibilidad.

Supervisión y Control Remoto: Los sistemas automatizados permiten la supervisión y el control de las operaciones desde ubicaciones remotas, tanto a bordo del buque como desde centros de control en tierra.

Automatización en Tiempo Real: Se refiere a la capacidad de los sistemas automatizados para responder instantáneamente a cambios en las condiciones operativas, lo que es crucial en entornos dinámicos como las cámaras de máquinas de los buques.

Figura 1

2.2. Componentes y sistemas de automatización

Los sistemas de automatización en las cámaras de máquinas están compuestos por varios elementos clave, cada uno de los cuales desempeña un papel crucial en la operación general del buque. Entre estos componentes se incluyen:

Sensores: Dispositivos que miden variables físicas como temperatura, presión, flujo, nivel, vibración, y emiten señales que son procesadas por los sistemas de control. Los sensores son fundamentales para proporcionar la información necesaria para la toma de decisiones automatizada.

Controladores: Equipos que procesan las señales recibidas de los sensores y ejecutan decisiones basadas en algoritmos predefinidos. Los controladores pueden ser unidades lógicas programables (PLC), microcontroladores, o sistemas de control distribuido (DCS).

Actuadores: Dispositivos que ejecutan las órdenes de los controladores, ajustando componentes mecánicos o eléctricos del sistema para mantener los parámetros dentro de los rangos deseados. Ejemplos incluyen válvulas motorizadas, bombas, motores eléctricos, y dispositivos de calentamiento o enfriamiento.

Interfaces Hombre-Máquina (HMI): Paneles de control y monitores que permiten a la tripulación interactuar con los sistemas automatizados, supervisar el estado de los equipos, y realizar ajustes manuales cuando sea necesario.

Redes de Comunicación: Sistemas que permiten la transferencia de datos entre los diferentes componentes de la automatización, asegurando que los sensores, controladores y actuadores trabajen de manera coordinada. Las redes de comunicación pueden utilizar diferentes protocolos como CAN, Modbus, Profibus, entre otros.

2.3. Arquitectura de sistemas automatizados en buques

La arquitectura de los sistemas automatizados en buques está diseñada para maximizar la eficiencia, la fiabilidad y la seguridad. A continuación, se describen las principales configuraciones:

Arquitectura Jerárquica: En esta configuración, los sistemas están organizados en niveles de jerarquía. En el nivel más alto se encuentran los sistemas de supervisión y gestión (como los sistemas SCADA), que controlan y monitorean los sistemas de nivel inferior, incluyendo los sistemas de control distribuidos (DCS) y los controladores lógicos programables (PLC).

Arquitectura Distribuida: Este enfoque distribuye las funciones de control a lo largo de diferentes áreas del buque. Cada sistema de control se encarga de una función específica, como el control de motores, la gestión de la planta eléctrica, o la regulación de los sistemas de refrigeración. Esto aumenta la fiabilidad al evitar que un fallo en un sistema afecte a todo el buque.

Redundancia y Resiliencia: Los sistemas automatizados en los buques suelen incorporar redundancias para asegurar que un fallo en un componente o sistema no comprometa la operación del buque. Esto incluye la duplicación de sensores, controladores, y redes de comunicación críticas.

Integración de Sistemas: Los sistemas automatizados a bordo del buque están cada vez más integrados, permitiendo una gestión centralizada y coordinada de todas las operaciones del buque. Esta integración abarca desde la planta propulsora hasta la gestión de energía y el control ambiental.

Este capítulo ofrece una visión detallada de los fundamentos de la automatización, estableciendo las bases teóricas y prácticas para comprender cómo se implementan estos sistemas en las cámaras de máquinas de los buques. A medida que avances en el libro, estos conceptos se aplicarán a situaciones más específicas y avanzadas, proporcionando un conocimiento profundo y aplicable en la industria marítima.

3. Sensores y su Rol en la Automatización Marítima

Los sensores son elementos fundamentales en la automatización de buques, ya que proporcionan la información crítica necesaria para monitorear, controlar y optimizar los sistemas a bordo. Este capítulo explora en profundidad el papel de los sensores en la automatización marítima, incluyendo su clasificación, principios de funcionamiento, instalación y mantenimiento, así como su impacto en la eficiencia y seguridad operativa.

3.1. Introducción a los Sensores en Entornos Marítimos

3.1.1. Importancia de los sensores en la automatización de buques

En el contexto marítimo, los sensores desempeñan un papel crucial al recopilar datos de diversas partes del buque, permitiendo una supervisión precisa y en tiempo real de las condiciones operativas. Estos datos son esenciales para:

- Controlar parámetros críticos como la presión, temperatura, nivel de combustible, y velocidad de los motores, asegurando que se mantengan dentro de los límites de seguridad y eficiencia.

- Detectar anomalías tempranas que puedan indicar fallos inminentes, permitiendo la intervención oportuna antes de que se produzcan daños mayores.

- Optimizar el rendimiento del buque, ajustando automáticamente los sistemas de acuerdo con las condiciones actuales, como la carga del motor, el consumo de combustible o las condiciones ambientales.

3.1.2. Condiciones operativas específicas en la cámara de máquinas

Los sensores utilizados en las cámaras de máquinas deben operar en un entorno hostil, caracterizado por:

- Altas temperaturas: Los sensores deben ser capaces de funcionar a temperaturas elevadas debido a la proximidad a los motores y otros sistemas generadores de calor.

- Vibraciones y choques: Las cámaras de máquinas son zonas de alta vibración, por lo que los sensores deben ser robustos y resistentes a estas condiciones.

- Ambientes corrosivos: La presencia de agua salada y otros agentes corrosivos requiere que los sensores estén fabricados con materiales resistentes a la corrosión.

- Condiciones de alta humedad: Los sensores deben ser impermeables o al menos muy resistentes a la humedad para evitar fallos eléctricos.

3.1.3. Requisitos y normativas para sensores en entornos marítimos

Los sensores instalados en buques deben cumplir con normativas internacionales y estándares de calidad que garantizan su funcionamiento seguro y fiable en entornos marítimos. Entre estas normativas se incluyen:

- Normas de la Organización Marítima Internacional (OMI): Que regulan la seguridad y el desempeño de los equipos a bordo.

- Clasificación por sociedades certificadoras: Como Lloyd's Register, DNV GL, y Bureau Veritas, que establecen criterios específicos para la aprobación de sensores en aplicaciones marítimas.

- Cumplimiento de estándares como ISO 9001 para la gestión de calidad y IEC 60945 para la protección contra interferencias electromagnéticas.

3.2. Clasificación de Sensores Utilizados en Buques

Los sensores en buques se clasifican en función de los parámetros que miden y su principio de operación. A continuación, se describen los tipos más comunes:

3.2.1. Sensores de temperatura

- Termopares: el elemento sensible está formado por la unión de dos metales distintos que producen una diferencia de potencial muy pequeña (del orden de los milivoltios) que es función de la diferencia de temperatura entre uno de los extremos denominado «punto caliente» o «unión caliente» o de «medida» y el otro llamado «punto frío» o «unión fría» o de «referencia». Son utilizados ampliamente para medir altas temperaturas, son robustos y adecuados para entornos agresivos.

Están normalizados como:

Tipo K (cromel/alumel): de −200 °C a +1372 °C

Tipo E (cromel/constantán): para uso en bajas temperaturas

Tipo J (hierro/constantán): su rango de utilización es de −270/+1200 °

Tipo T (cobre/constantán): ideales para mediciones entre -200 y 260 °C

Tipo N (nicrosil [Ni-Cr-Si]/nisil [Ni-Si]): es adecuado para mediciones de alta temperatura

Tipo B (Pt-Rh): son adecuados para la medición de altas temperaturas superiores a 1800 °C.

Tipo R (Pt-Rh): adecuados para la medición de temperaturas de hasta 1600 °C

Tipo S (Pt/Rh): ideales para mediciones de altas temperaturas hasta los 1600 °C

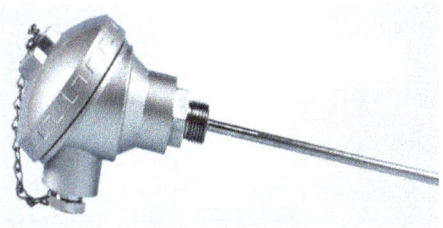

Figure 2

Figure 3

- RTD (Resistance Temperature Detectors): El elemento sensible es un sensor cuya resistencia cambia a medida que cambia su temperatura. La resistencia aumenta a medida que aumenta la temperatura del sensor. La relación entre resistencia y temperatura es bien conocida y se puede repetir a lo largo del tiempo. Ofrecen mediciones precisas y estables a lo largo del tiempo, ideales para aplicaciones críticas.

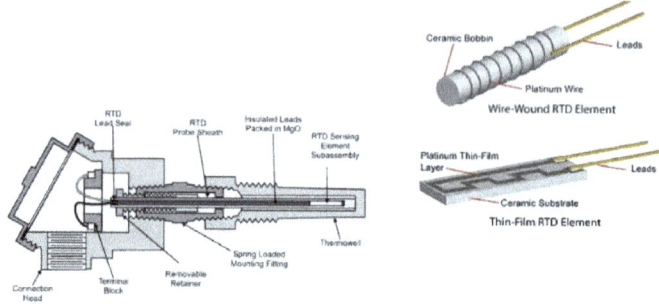

Figure 4

- Termistores: Sensores que cambian su resistencia en respuesta a la temperatura, usados para medir pequeñas variaciones térmicas. Un termistor es un tipo de resistencia cuyo valor varía en función de la temperatura de una forma más acusada que una resistencia común. Su funcionamiento se basa en la variación de la resistividad que presenta un semiconductor con la temperatura.

Figure 5

3.2.2. Sensores de presión

- Manómetros electrónicos: Miden la presión en sistemas hidráulicos y neumáticos, cruciales para el control de motores y bombas.

Figure 6

- Transductores de presión: Convertidores de la presión en señales eléctricas, empleados en sistemas de monitoreo continuo.

Figure 7

3.2.3. Sensores de flujo y nivel

- Caudalímetros: Dispositivos para medir el flujo de líquidos y gases en tuberías, esenciales para la gestión de combustible y sistemas de refrigeración. Existen diferentes clases de caudalímetros:

Rotámetro o caudalímetros de área variable para gases y líquidos.

Medidores de caudal con pistón y muelles para gases y líquidos.

Caudalímetro de gas másico.

Caudalímetro ultrasónicos (no intrusivo o Doppler) para líquidos.

Caudalímetro de turbina.

Caudalímetro de paletas.

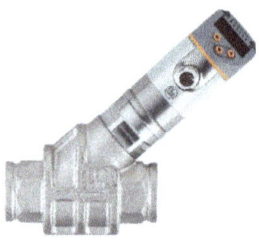

Figure 8

- Sensores de nivel: Usados para monitorear el nivel de líquidos en tanques de combustible, agua, y aceites lubricantes, utilizando tecnologías como ultrasonido, radar, y flotadores. Existen diferentes tipos de sensores de nivel, como:

Sensor de nivel ultrasónico sin contacto.

Sensor de nivel con radar.

Interruptor de nivel de paletas rotatorias para material seco.

Interruptores de nivel de boya.

Sensor de nivel de capacitancia.

Figure 9

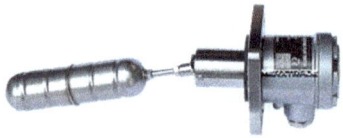

Figure 10

3.2.4. Sensores de vibración y condición mecánica

- Acelerómetros: Miden la vibración y los movimientos mecánicos, fundamentales para la detección de fallos en motores y otros equipos rotativos.

Figure 11

- Monitores de condición: Sistemas integrados que evalúan la salud de la maquinaria basada en datos de vibración, temperatura y otros parámetros.

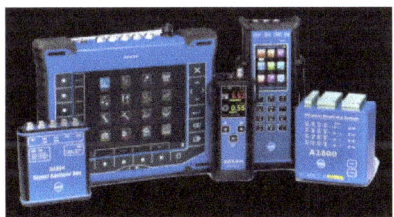

Figure 12

3.2.5. Sensores de posición y desplazamiento

- Encades: Utilizados para medir la posición angular de componentes mecánicos, como ejes de motores y válvulas.

Figure 13

- Potenciómetros: Dispositivos que miden el desplazamiento lineal o angular, empleados en controles de dirección y válvulas.

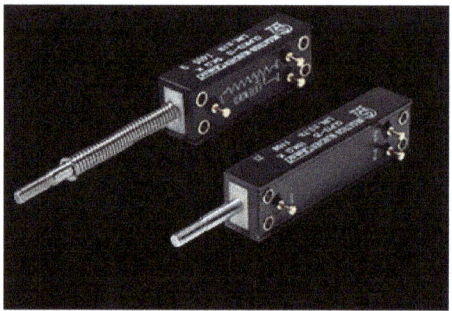

Figure 14

3.2.6. Sensores de gases y fugas

- Detectores de gas: Sensores que monitorean la presencia de gases peligrosos como CO_2, metano y gases de escape, esenciales para la seguridad de la tripulación y la operación segura del buque.

Figure 15

- Sensores de fugas: Detectan la presencia de líquidos o gases no deseados en áreas críticas, ayudando a prevenir incendios y explosiones.

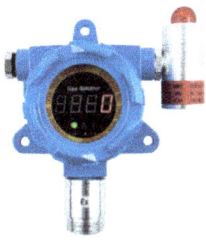

Figure 16

3.3. Principios de Funcionamiento de los Sensores

Cada tipo de sensor opera basado en principios físicos específicos, los cuales determinan su aplicación y eficacia en entornos marítimos.

3.3.1. Sensores mecánicos vs. Electrónicos

- Sensores mecánicos: Funcionan mediante componentes físicos como resortes, diafragmas o flotadores. Son generalmente más robustos, pero menos precisos que los electrónicos.

- Sensores electrónicos: Utilizan principios eléctricos o electromagnéticos para medir parámetros, proporcionando mayor precisión y capacidades avanzadas como la transmisión digital de datos.

3.3.2. Tecnologías de medición: resistiva, capacitiva, inductiva, óptica

- Resistiva: Utilizada en termistores y sensores de posición, donde el cambio en resistencia se traduce en una medición.

- Capacitiva: Empleada en sensores de proximidad y nivel, donde la variación en capacitancia se usa para detectar cambios en el entorno.

- Inductiva: Utilizada en encades y sensores de velocidad, basándose en el cambio en inductancia para medir desplazamientos o velocidades.

- Óptica: Aplicada en detectores de gas y fugas, empleando luz para detectar la presencia de partículas o gases.

3.3.3. Integración y conversión de señales de sensores

- Condicionamiento de señal: Proceso de preparación de las señales de los sensores para su procesamiento, incluyendo amplificación, filtrado y conversión de analógico a digital.

- Interfaces de conversión: Dispositivos que transforman las señales de los sensores en formatos utilizables por los sistemas de control, como 4-20 mal, 0-10 V, o comunicación digital.

3.4. Instalación y Mantenimiento de Sensores

La correcta instalación y el mantenimiento de los sensores son cruciales para garantizar su funcionamiento fiable y preciso en los buques.

3.4.1. Selección de ubicaciones para la instalación de sensores

- Factores críticos: Las ubicaciones deben seleccionarse en función de la accesibilidad, exposición a condiciones extremas, y la necesidad de monitoreo en tiempo real de los sistemas clave.

- Optimización de cobertura: Colocación estratégica para maximizar la cobertura de monitoreo y minimizar puntos ciegos en los sistemas.

3.4.2. Procedimientos de instalación y calibración

- Instalación: Involucra asegurar la correcta fijación y protección de los sensores contra daños mecánicos y ambientales.

- Calibración: Proceso de ajuste de los sensores para garantizar que sus lecturas sean precisas y estén alineadas con los estándares operativos del buque.

3.4.3. Mantenimiento preventivo y correctivo

- Mantenimiento preventivo: Incluye la limpieza regular, la recalibración periódica y la inspección visual para detectar signos de desgaste o daño.

- Mantenimiento correctivo: Reparación o reemplazo de sensores que han fallado o están fuera de especificaciones, asegurando la continuidad del monitoreo.

3.4.4. Diagnóstico y resolución de problemas comunes

- Diagnóstico: Uso de herramientas y técnicas para identificar problemas en los sensores, como fallos en la señal, lecturas erráticas o falta de respuesta.

- Solución de problemas: Pasos para resolver problemas comunes, como ajustar conexiones, reemplazar componentes dañados, o recalibrar los sensores.

3.5. Interconexión y Comunicación de Sensores

Los sensores en un buque deben estar interconectados de manera eficiente para permitir una supervisión y control efectivo de todos los sistemas a bordo.

Los sensores son elementos fundamentales en la automatización de buques, ya que proporcionan la información crítica necesaria para monitorear, controlar y optimizar los sistemas a bordo. Este capítulo explora en profundidad el papel de los sensores en la automatización marítima, incluyendo su clasificación, principios de funcionamiento, instalación y mantenimiento, así como su impacto en la eficiencia y seguridad operativa.

3.5.1. Protocolos de comunicación en sensores marítimos

En un buque, donde se utilizan sistemas electrónicos para diversas funciones como la navegación, comunicación, monitoreo, y control de maquinaria, se pueden encontrar varios tipos de conexiones entre los sistemas. Estos incluyen:

1. Conexiones Seriales

- RS-232: Es una de las conexiones más antiguas y comunes, usada para la comunicación punto a punto entre dispositivos electrónicos.

- RS-422 y RS-485: Utilizadas en entornos industriales y marinos por su capacidad para soportar mayores distancias y conexiones multipunto.

2. Conexiones de Red (Ethernet)

- Ethernet (cableada): Utilizada para interconectar dispositivos a través de redes locales (LAN). Permite altas velocidades de transferencia y es común en sistemas modernos.

- Ethernet Industrial (Profinet, Modbus TCP/IP, etc.): Adaptaciones de Ethernet para entornos industriales, con protocolos específicos para la automatización y control de maquinaria.

3. Conexiones Inalámbricas

- Wi-Fi: Puede ser utilizado en algunas aplicaciones no críticas para conectar dispositivos de forma inalámbrica dentro del buque.

- Bluetooth: Usado para conexiones de corto alcance entre dispositivos.

- Radiofrecuencia (RF): Para la comunicación a distancias más largas, como en sistemas de comunicación y monitoreo remoto.

4. Conexiones Ópticas

- Fibra Óptica: Utilizada para transmitir grandes cantidades de datos a alta velocidad y a largas distancias. Es inmune a interferencias electromagnéticas, lo que es ventajoso en entornos marinos.

5. Bus de Campo (Fieldbus)

- CAN Bus: Utilizado principalmente en sistemas de control y automatización, común en la ingeniería marina para controlar diferentes sistemas desde una consola central.

- Modbus: Es un protocolo de comunicación serial ampliamente utilizado en sistemas industriales, incluyendo los marinos.

- Profibus: Usado en automatización industrial para conectar sensores y actuadores a un controlador.

6. Conexiones de Audio/Video

- HDMI y VGA: Para la transmisión de señales de video desde sistemas de monitoreo o entretenimiento.

- Conectores BNC: Utilizados para transmitir señales de video y datos, común en sistemas de cámaras de vigilancia.

7. Conexiones de Energía

- Conexiones DC y AC: Para alimentar equipos electrónicos, que pueden incluir tanto señales de baja como de alta tensión.

- POE (Power Over Ethernet): Permite la transmisión de energía eléctrica y datos a través del mismo cable Ethernet, útil para cámaras IP y otros dispositivos.

8. Conexiones Especializadas para Instrumentación

- NMEA 0183: Un protocolo específico para la comunicación entre dispositivos de navegación marítima, como GPS, sondas, y radares.

- NMEA 2000: Una evolución de NMEA 0183 que permite comunicaciones en red más rápidas y robustas entre dispositivos de navegación y monitoreo.

9. Conexiones USB

- Utilizadas para conectar periféricos y dispositivos de almacenamiento, así como para la transferencia de datos entre sistemas.

Cada tipo de conexión se selecciona según los requerimientos específicos del sistema, como la distancia, la velocidad de transmisión, la robustez contra interferencias, y la cantidad de dispositivos a conectar.

3.5.2. Redes de sensores inalámbricos

- Aplicaciones en buques: Uso de tecnologías inalámbricas para conectar sensores en áreas difíciles de cablear, como tanques de combustible o partes móviles del buque.

- Desafíos y ventajas: Incluye la facilidad de instalación y flexibilidad, pero con consideraciones en cuanto a interferencias y durabilidad de las baterías.

3.5.3. Integración con sistemas de control y monitoreo

- SCADA y HMI: Los sistemas SCADA (Supervisory Control and Data Acquisition) y las interfaces hombre-máquina (HMI) integran los datos de los sensores para proporcionar una visión global del estado del buque, permitiendo un control más eficiente y decisiones informadas.

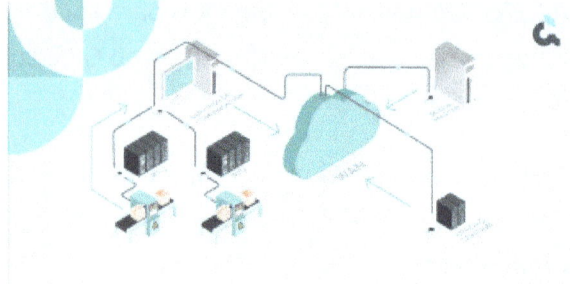

Figure 17

- Automatización centralizada: Los datos de los sensores se integran en sistemas centralizados de automatización que gestionan múltiples procesos a bordo, desde la propulsión hasta la gestión de energía.

Figure 18

3.6. Impacto de los Sensores en la Eficiencia y Seguridad Operativa

Los sensores no solo mejoran la eficiencia operativa del buque, sino que también juegan un papel crucial en la seguridad de la tripulación y la protección del medio ambiente.

3.6.1. Mejora en la eficiencia energética
- Monitoreo y optimización de combustible: Los sensores permiten

un control preciso del consumo de combustible, ayudando a reducir costos y emisiones.

- Gestión térmica: Control de temperaturas en motores y sistemas de refrigeración para maximizar la eficiencia y minimizar el desgaste.

3.6.2. Reducción de riesgos y mejora de la seguridad

- Detección temprana de fallos: Monitoreo constante de la condición de los equipos, permitiendo la identificación de problemas antes de que se conviertan en fallos catastróficos.

- Prevención de accidentes: Sensores de gas y fugas que detectan condiciones peligrosas, activando alarmas y sistemas de seguridad automáticamente.

3.6.3. Cumplimiento de normativas ambientales

- Control de emisiones: Sensores que monitorean las emisiones de gases y partículas para asegurar el cumplimiento de regulaciones ambientales internacionales.

- Gestión de residuos: Monitoreo de niveles y procesos de tratamiento de aguas residuales y otros desechos para minimizar el impacto ambiental del buque.

Este capítulo destaca cómo los sensores son una parte integral de los sistemas automatizados en buques, proporcionando los datos esenciales para mantener operaciones eficientes, seguras y en cumplimiento con las normativas. Al entender su funcionamiento, instalación y mantenimiento, los operadores de buques pueden asegurar que sus sistemas automatizados operen con la máxima eficacia.

3.7. Sensores Inteligentes y su Impacto en la Automatización

Los sensores inteligentes representan una evolución significativa en la tecnología de sensores, añadiendo capacidades avanzadas que van más allá de la simple medición de parámetros. Estos sensores no solo recopilan datos, sino que también pueden procesarlos, autodiagnosticarse y ajustarse automáticamente, lo que mejora significativamente la automatización y la eficiencia operativa en los buques. Este apartado analiza el impacto de estos sensores en la automatización marítima, así como sus aplicaciones y beneficios.

3.7.1. Sensores con capacidades de autodiagnóstico y autoajuste

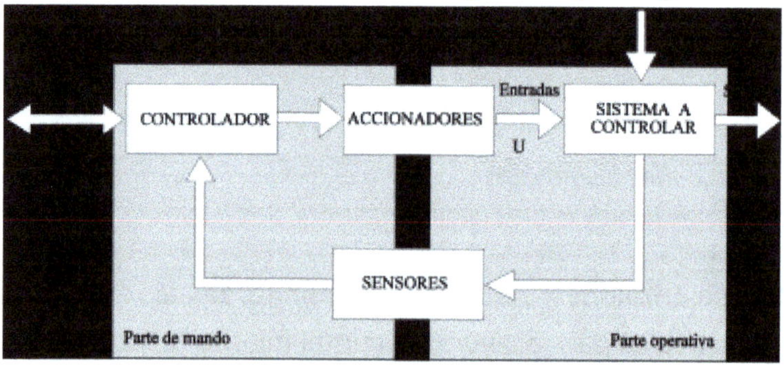

Figure 19

Capacidades de autodiagnóstico

Los sensores inteligentes con capacidades de autodiagnóstico son capaces de monitorear su propio estado operativo y detectar anomalías o fallos potenciales en tiempo real. Estas capacidades incluyen:

Monitoreo continuo: El sensor analiza constantemente su

rendimiento, detectando variaciones que puedan indicar problemas como fallos de calibración, desgaste de componentes, o interferencias externas.

Alerta temprana: En caso de detectar un problema, el sensor puede emitir una alerta inmediata al sistema de control, permitiendo a la tripulación tomar medidas correctivas antes de que el problema se agrave.

Registro de eventos: Los sensores inteligentes pueden registrar eventos críticos y cambios en su comportamiento, lo que facilita el análisis de fallos y la planificación del mantenimiento preventivo.

Capacidades de autoajuste

Además del autodiagnóstico, algunos sensores inteligentes tienen la capacidad de autoajustarse en función de las condiciones operativas o de cambios en el entorno. Estas capacidades incluyen:

- **Ajuste automático de sensibilidad**: El sensor puede modificar su sensibilidad en respuesta a cambios en el entorno, como variaciones en la temperatura, presión o vibración, para mantener la precisión de las mediciones.
- **Calibración en tiempo real**: Los sensores inteligentes pueden recalibrarse automáticamente sin necesidad de intervención manual, asegurando que las lecturas permanezcan dentro de los márgenes especificados.
- **Compensación de errores**: En entornos difíciles, los sensores pueden ajustar automáticamente sus parámetros para compensar errores causados por interferencias o condiciones extremas.

Impacto en la operación de buques

- **Reducción de tiempo de inactividad**: La capacidad de los sensores para autodiagnosticarse y ajustarse reduce la necesidad de inspecciones manuales y calibraciones

frecuentes, minimizando el tiempo de inactividad y mejorando la eficiencia operativa.
- **Mayor seguridad**: Con la detección temprana de fallos y la capacidad de ajustarse a condiciones cambiantes, los sensores inteligentes mejoran significativamente la seguridad en las operaciones marítimas, previniendo incidentes que podrían poner en riesgo la tripulación y la carga.
- **Optimización del mantenimiento**: El uso de sensores con estas capacidades permite una transición hacia el mantenimiento predictivo, en el que las acciones de mantenimiento se basan en el estado real del equipo en lugar de en un calendario fijo, optimizando así los recursos y costos.

3.7.2. Integración de sensores con sistemas de inteligencia artificial

La integración de sensores inteligentes con sistemas de inteligencia artificial (IA) en la automatización marítima está transformando la manera en que los buques operan y gestionan sus sistemas. Esta integración permite un análisis de datos avanzado y una toma de decisiones más rápida y precisa.

Análisis predictivo

- **Predicción de fallos**: Los sistemas de IA pueden analizar grandes volúmenes de datos generados por los sensores para identificar patrones que preceden a fallos de equipos. Esto permite a los operadores anticiparse a problemas antes de que ocurran.
- **Optimización de rendimiento**: Al analizar continuamente los datos de los sensores, la IA puede ajustar los parámetros operativos de los sistemas a bordo para optimizar el rendimiento del buque en tiempo real, reduciendo el consumo de combustible y mejorando la eficiencia.

Automatización avanzada

- **Toma de decisiones autónoma**: Los sensores integrados con IA permiten que los sistemas automatizados a bordo tomen decisiones sin intervención humana, como ajustar la velocidad de los motores, modificar la ruta del buque o activar sistemas de seguridad en caso de emergencia.
- **Aprendizaje automático**: Los sistemas de IA pueden aprender de los datos históricos y de las condiciones operativas actuales, mejorando continuamente la precisión y eficiencia de sus decisiones. Esto es especialmente útil en operaciones complejas, como la navegación en condiciones adversas o la gestión de sistemas de propulsión avanzados.

Impacto en la gestión de buques

- **Mayor eficiencia operativa**: La integración de sensores con IA permite una gestión más eficiente de los sistemas del buque, optimizando el consumo de recursos y mejorando la productividad.
- **Reducción de errores humanos**: Al automatizar decisiones críticas, se minimiza el riesgo de errores humanos, que son una de las principales causas de incidentes en el mar.
- **Mejoras en la sostenibilidad**: La IA, al optimizar el consumo de combustible y gestionar mejor los sistemas de emisiones, contribuye a una operación más sostenible y en línea con las normativas ambientales.

3.7.3. Sensores inalámbricos y su aplicación en buques

Los sensores inalámbricos están ganando terreno en la automatización marítima debido a su flexibilidad, facilidad de instalación y capacidad para operar en entornos difíciles donde el cableado tradicional sería impracticable o costoso.

AUTOMATIZACIÓN DE CÁMARAS DE MÁQUINAS

Figure 20

Ventajas de los sensores inalámbricos

- **Instalación simplificada**: La ausencia de cables reduce significativamente la complejidad y el tiempo de instalación, especialmente en áreas de difícil acceso como tanques, compartimientos de carga, y estructuras móviles.
- **Flexibilidad y escalabilidad**: Los sensores inalámbricos pueden ser reubicados o añadidos fácilmente en función de las necesidades operativas, lo que permite una mayor adaptabilidad del sistema de monitoreo y control.
- **Reducción de costos**: Al eliminar la necesidad de cableado extensivo, se reducen los costos de instalación y mantenimiento, así como los riesgos asociados a daños en los cables.

Aplicaciones específicas en buques

- **Monitoreo de tanques**: Sensores inalámbricos se utilizan para medir el nivel de líquidos en tanques de combustible, agua potable, y aguas residuales, proporcionando datos en

tiempo real sin la necesidad de perforar el casco o realizar complejas instalaciones de cables.
- **Monitoreo de vibraciones y estado de la maquinaria**: Sensores inalámbricos permiten la vigilancia continua del estado de motores, generadores y otros equipos críticos, facilitando el mantenimiento predictivo y la detección temprana de fallos.
- **Gestión de condiciones ambientales**: Sensores inalámbricos se emplean para monitorear la temperatura, humedad, y calidad del aire en las áreas habitables del buque, mejorando el confort y seguridad de la tripulación.

Desafíos y soluciones

- **Interferencias electromagnéticas**: La transmisión de datos inalámbrica puede verse afectada por interferencias electromagnéticas (EMI) en el entorno marítimo. Soluciones como el uso de frecuencias específicas y la implementación de protocolos de comunicación robustos (como Zigbee, LoRa, o Wi-Fi marítimo) ayudan a mitigar estos problemas.
- **Durabilidad y energía**: Los sensores inalámbricos dependen de baterías, lo que puede limitar su vida útil. Sin embargo, los avances en tecnologías de bajo consumo y la integración de fuentes de energía renovable, como la energía solar, están extendiendo la vida operativa de estos dispositivos.
- **Seguridad de los datos**: La transmisión inalámbrica de datos plantea riesgos de seguridad, por lo que es crucial implementar encriptación de datos y protocolos de seguridad cibernética para proteger la información crítica del buque.

Impacto en la operación y mantenimiento

- **Mayor cobertura y datos en tiempo real**: Los sensores inalámbricos facilitan el monitoreo de más puntos en el buque, proporcionando datos más completos y en tiempo real que pueden mejorar la toma de decisiones y la gestión operativa.

- **Mantenimiento más eficiente**: Con la capacidad de instalar sensores en lugares anteriormente inaccesibles o donde el cableado sería impráctico, se mejora el monitoreo del estado de los equipos y se facilita el mantenimiento predictivo, reduciendo los costos y el tiempo de inactividad.

Estos apartados subrayan cómo la incorporación de sensores inteligentes, la integración con inteligencia artificial y la implementación de sensores inalámbricos están revolucionando la automatización en la industria marítima, llevando a operaciones más seguras, eficientes y sostenibles.

3.8. Estudio de Casos: Aplicaciones de Sensores en la Cámara de Máquinas

En la cámara de máquinas de un buque, los sensores desempeñan un papel esencial para asegurar la operación eficiente y segura de los sistemas críticos. Este apartado presenta estudios de casos específicos donde los sensores han sido integrados en diversas aplicaciones dentro de la cámara de máquinas, demostrando su impacto en la operación diaria y la gestión de emergencias.

3.8.1. Monitoreo de motores principales y auxiliares

El monitoreo constante de los motores principales y auxiliares es crucial para mantener la propulsión del buque y asegurar la disponibilidad de energía para todos los sistemas a bordo.

Figure 21

Monitoreo de pará metros críticos

- **Temperatura**: Sensores de temperatura monitorean los niveles de calor en cilindros, cojinetes y sistemas de refrigeración, permitiendo detectar sobrecalentamientos que podrían indicar problemas como fallos en la lubricación o en el sistema de refrigeración.
- **Presión**: Sensores de presión son utilizados para monitorear la presión de aceite, combustible y aire de admisión. Esto permite asegurar que los motores operan dentro de los parámetros especificados, evitando condiciones que puedan dañar los componentes.
- **Vibración**: Sensores de vibración ayudan a detectar desequilibrios, desalineaciones o desgastes en los componentes mecánicos del motor, permitiendo una intervención temprana antes de que estos problemas puedan causar fallos más graves.

Impacto en la operación

- **Prevención de fallos catastróficos**: La implementación de estos sensores ha demostrado ser fundamental para prevenir fallos catastróficos, como la rotura de componentes o incendios en la cámara de máquinas, que pueden poner en peligro la seguridad del buque y su tripulación.
- **Optimización del mantenimiento**: Los datos recolectados por los sensores permiten planificar el mantenimiento basado en la condición real de los motores, reduciendo el tiempo de inactividad y los costos asociados con el mantenimiento preventivo excesivo o correctivo no planificado.

3.8.2. Control de sistemas de refrigeración y lubricación

Los sistemas de refrigeración y lubricación son esenciales para mantener la temperatura y la fricción de los motores dentro de los niveles seguros y óptimos.

Monitoreo de flujo y nivel

- **Sensores de flujo**: Se utilizan para monitorear el caudal de los fluidos de refrigeración y lubricación, asegurando que hay un suministro constante y adecuado a los motores y otros componentes críticos.
- **Sensores de nivel**: Monitorean los niveles de fluidos en tanques y depósitos, emitiendo alertas si los niveles caen por debajo de los umbrales mínimos, lo que podría indicar fugas o un consumo excesivo.

Control automático

- **Ajuste de caudales**: Los sistemas automatizados ajustan automáticamente los caudales de refrigeración y lubricación en función de las condiciones operativas, optimizando el uso de recursos y asegurando que los motores operen en condiciones ideales.
- **Alarmas y acciones correctivas**: En caso de detectar anomalías, como caudales inadecuados o niveles bajos de fluidos, los sensores activan alarmas y pueden incluso desencadenar acciones correctivas automáticas, como el desvío de fluidos desde otros sistemas o la reducción de la carga del motor para prevenir daños.

Impacto en la eficiencia y seguridad

- **Mejora en la eficiencia térmica**: El control preciso del sistema de refrigeración ayuda a mantener una temperatura constante en los motores, lo que maximiza la eficiencia térmica y reduce el consumo de combustible.
- **Reducción del desgaste**: Un sistema de lubricación bien gestionado disminuye el desgaste de las partes móviles del motor, prolongando su vida útil y reduciendo la necesidad de reparaciones costosas.

3.8.3. Detección temprana de fallos en sistemas críticos

La detección temprana de fallos en sistemas críticos es vital para evitar paradas no planificadas y minimizar los riesgos operacionales.

Monitoreo en tiempo real

- **Sensores de condición mecánica**: Sensores que monitorean la vibración, temperatura, presión y otras variables mecánicas en tiempo real permiten la detección de fallos incipientes, como el desgaste de rodamientos o la desalineación de ejes.
- **Sistemas de alerta proactiva**: Al detectar condiciones anormales, estos sensores pueden activar alertas proactivas que permiten a la tripulación intervenir antes de que ocurra un fallo completo.

Ejemplos de aplicaciones

- **Detección de fugas**: Sensores de fugas de combustible o aceite detectan la presencia de fluidos en áreas donde no deberían estar, como en las bandejas de goteo o alrededor de juntas, permitiendo reparar la fuga antes de que se convierta en un problema mayor.
- **Monitoreo de sistemas eléctricos**: Sensores de temperatura y corriente en sistemas eléctricos detectan sobrecargas y puntos calientes que podrían indicar un fallo inminente en el cableado o en los componentes eléctricos.

Impacto en la operación del buque

- **Reducción de tiempos de inactividad**: La detección temprana de problemas permite planificar las reparaciones durante paradas programadas, evitando tiempos de inactividad no planificados que pueden ser costosos.
- **Mejora en la seguridad**: Al identificar y abordar los problemas antes de que se conviertan en emergencias, se mejora la seguridad a bordo, protegiendo tanto a la tripulación como al buque.

3.9 Reguladores de Velocidad

Los reguladores de velocidad para motores marinos, son el elemento que tiene por misión mantener las revoluciones del motor constantes dentro de un rango deseado y en función del punto de funcionamiento que le queramos transmitir. Además, este elemento posee protecciones de seguridad de manera que regula la velocidad que puede llegar a alcanzar el motor para evitar revoluciones dañinas para la instalación. Otra situación donde actúa como elemento de seguridad es cuando se trabaja en vacío o hay un cambio de carga, actuando sobre la cremallera, elemento encargado de regular la cantidad de combustible que es inyectada en los cilindros del motor para mantener las revoluciones lo más constante posible.

Los reguladores de velocidad pueden ser:

3.9.3. Reguladores mecánicos:

Están formados por dos masas centrífugas que giran sobre sí mismo y dos muelles que van montados en la misma masa, de manera que al haber un cambio de velocidad de rotación las masas modifican la tensión de los muelles y se mueven, moviendo el sistema de regulación que acciona las cremalleras de las bombas de combustible.

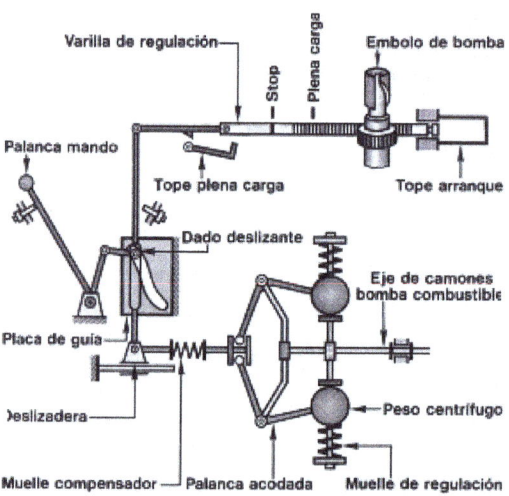

Figure 22

3.9.4 Reguladores neumáticos:

En estos reguladores se sustituye la fuerza centrifuga por otra fuente de energía de la que se pueda disponer durante el funcionamiento del motor, utilizándose la depresión que se produce durante la entrada de aire del motor mediante una válvula de mariposa. El principio que

utiliza es hacer que esta depresión actúe sobre una membrana
acoplada a la varilla de regulación de la bomba de combustible.

3.9.5 Reguladores hidráulicos

En este tipo de reguladores la fuerza centrífuga de las masas actúa
sobre un distribuidor de aceite que permite el paso de aceite a una u
otra región de la bomba de accionamiento de la varilla de regulación.
El regulador de masas transfiere sus movimientos a una válvula
piloto que controla el envío de aceite a la bomba de accionamiento
hidráulico.

3.9.6 Reguladores hidráulicos isócronos

Estos elementos son capaces de mantener las revoluciones del motor
constantes consiguiendo estabilizar el funcionamiento de su
mecanismo usando un dispositivo de caída de velocidad mientras se
corrige la cantidad de combustible, y más tarde anula la caída de
velocidad permitiendo al motor retomar su velocidad original.

3.9.7 Regulador hidráulico isócrono con caída de velocidad ajustable

Estos reguladores son exactamente igual que los anteriores salvo que
están equipados con un elemento de varillaje de caída de velocidad,
el cual permite al motor trabajar a una velocidad más baja a medida
que aumenta la carga y a su vez aumenta el suministro de
combustible para la carga adicional. La caída de velocidad permite el
reparto equilibrado de las cargas entre máquinas en paralelo, como es
el caso de los diesel generadores cuando uno trabaja como maestro y
otro como esclavo.

3.9.8 Regulador hidráulico con caída de velocidad permanente

Con este regulador pasaríamos a tener un dispositivo con caída de
velocidad, ya que se consigue la estabilidad deseada para cada
velocidad de rotación. Pero además de ello, diremos que esta caída
de velocidad es permanente, y por tanto no isócrono (Recordemos
que isócrono se refiere a que no se desarrollan las mismas
revoluciones para todas las cargas),y se obtiene mediante la conexión

de un balancín entre el cilindro de maniobra y el muelle del regulador mecánico, de forma que al aumentar el suministro de combustible disminuya el ajuste de velocidad a fin de que al reducir la tensión del muelle disminuya la velocidad del motor y que al aumentar la tensión del muelle aumente la velocidad de la máquina.

3.9.9 Regulador electrónico

Estos son los más usados y los que pondremos como ejemplo para explicar un sistema de control en un motor diesel marino. Se trata de un regulador que funciona con control PID (proporcional, integral y derivativo) del que se disponen sensores de velocidad que compara la señal de consigna establecida con la velocidad real del motor y actúa en función de su error o diferencia.

3.10. Futuro de los Sensores en la Automatización Marítima

La tecnología de sensores en la automatización marítima está en constante evolución, impulsada por los avances en materiales, tecnologías de comunicación y procesamiento de datos. Este apartado explora las tendencias emergentes y las perspectivas futuras para los sensores en la industria marítima, destacando cómo estas innovaciones pueden transformar las operaciones a bordo de los buques.

3.10.1. Avances tecnológicos en sensores para entornos marítimos

Los sensores están experimentando mejoras significativas en su diseño, capacidad y funcionalidad, lo que los hace más aptos para los exigentes entornos marítimos.

Miniaturización y precisión mejorada

- **Sensores más pequeños y eficientes**: La miniaturización de los sensores permite su integración en lugares anteriormente inaccesibles, como dentro de componentes mecánicos o en zonas estrechas de la cámara de máquinas. Estos sensores, a pesar de su tamaño reducido, ofrecen una precisión y sensibilidad mejoradas.

- **Reducción de consumo energético**: Los avances en el diseño de sensores han llevado a la creación de dispositivos que consumen menos energía, lo que es crucial en sistemas marítimos donde la eficiencia energética es una prioridad.

Durabilidad y resistencia

- **Materiales avanzados**: El desarrollo de materiales más resistentes a la corrosión, altas temperaturas, y presiones extremas permite que los sensores operen de manera confiable en condiciones marítimas severas, reduciendo la necesidad de mantenimiento y reemplazo.
- **Sensores auto limpiantes**: Se están desarrollando sensores con capacidades auto limpiantes que pueden mantener su funcionalidad incluso en entornos donde la acumulación de sal, aceite, y otros contaminantes es un problema común.

3.10.2. Desarrollo de sensores multifuncionales y nanomateriales

El futuro de los sensores en la automatización marítima también está marcado por la creación de dispositivos más versátiles y avanzados, que combinan múltiples funcionalidades en un solo componente.

Sensores multifuncionales

- **Combinación de parámetros**: Sensores que pueden medir múltiples parámetros simultáneamente (como temperatura, presión, vibración, y humedad) están comenzando a reemplazar los sensores tradicionales, simplificando la instalación y el mantenimiento al reducir la cantidad de dispositivos necesarios.
- **Aplicaciones en monitoreo integral**: Estos sensores multifuncionales son especialmente útiles en el monitoreo integral de sistemas complejos como los motores principales y auxiliares, donde es necesario rastrear diversas variables al mismo tiempo para garantizar un funcionamiento óptimo.

Nanotecnología en sensores

- **Nanomateriales**: Los sensores basados en nanotecnología permiten niveles de precisión sin precedentes y pueden detectar cambios a nivel molecular. Esto es particularmente útil para la detección temprana de fallos y el monitoreo de la calidad del aire o la presencia de contaminantes en los sistemas de combustión y escape.
- **Mayor sensibilidad y rapidez**: Los nanomateriales ofrecen una mayor sensibilidad y tiempos de respuesta más rápidos, lo que permite a los operadores reaccionar de manera más eficaz ante cambios en las condiciones operativas.

3.10.3. Perspectivas de integración con el Internet de las Cosas (IoT) y sistemas autónomos

La integración de sensores con tecnologías emergentes como el Internet de las Cosas (IoT) y la autonomía está preparada para revolucionar la automatización marítima.

Sensores conectados a IoT

- **Comunicación en tiempo real**: Los sensores conectados a redes IoT permiten la transmisión de datos en tiempo real a sistemas de control a bordo y en tierra. Esto facilita la supervisión remota y el análisis de datos para la optimización de operaciones y mantenimiento.
- **Análisis predictivo**: Con la capacidad de recopilar y analizar grandes volúmenes de datos, los sensores IoT pueden alimentar algoritmos de análisis predictivo que identifican patrones y predicen fallos antes de que ocurran, mejorando la planificación del mantenimiento y reduciendo el riesgo de fallos no planificados.

Sensores en sistemas autónomos

- **Automatización avanzada**: Los sensores son fundamentales para el desarrollo de buques autónomos. Estos sensores recopilan información crítica sobre el entorno y las condiciones operativas, permitiendo que los sistemas autónomos tomen decisiones informadas sin intervención humana.

- **Colaboración entre sensores**: En los sistemas autónomos, los sensores trabajan de manera coordinada, compartiendo datos y ajustando sus mediciones en tiempo real para asegurar una operación segura y eficiente en todo momento.

Desafíos y oportunidades

- **Interoperabilidad y estandarización**: Un desafío clave es asegurar que los sensores de diferentes fabricantes y tecnologías puedan interoperar de manera eficiente dentro de un ecosistema IoT o autónomo. La estandarización de protocolos de comunicación y formatos de datos será esencial para maximizar los beneficios de estas tecnologías.

Ciberseguridad: A medida que más sensores se conectan a redes IoT y sistemas autónomos, la ciberseguridad se convierte en una preocupación crítica. Es necesario desarrollar sensores y sistemas que puedan resistir intentos de ciberataques, protegiendo tanto los datos como la operación del buque.

El futuro de los sensores en la automatización marítima promete ser emocionante y transformador. Con los avances en la miniaturización, la integración de nanotecnología, y la conexión con sistemas IoT y autónomos, los sensores jugarán un papel aún más crucial en la operación eficiente y segura de los buques. Estos desarrollos no solo mejorarán el rendimiento operativo, sino que también abrirán nuevas oportunidades para la gestión predictiva y la operación autónoma en la industria marítima.

4. Sistemas de Control y Monitoreo

Los sistemas de control y monitoreo en los buques son fundamentales para asegurar la operación eficiente, segura y fiable de los distintos sistemas a bordo. Estos sistemas permiten a los operadores mantener un control preciso sobre los motores, sistemas de propulsión y otros equipos críticos, al mismo tiempo que monitorean los parámetros vitales para detectar y corregir posibles anomalías antes de que se conviertan en problemas graves.

4.1. Sistemas de control para motores principales y auxiliares

Los motores principales y auxiliares son el corazón de cualquier buque, proporcionando la potencia necesaria para la propulsión y para el funcionamiento de todos los sistemas a bordo. Los sistemas de control para estos motores son esenciales para gestionar su operación, optimizando la eficiencia y garantizando la seguridad.

Figure 23

Control de velocidad y carga

- **Regulación automática de velocidad**: Los sistemas de control modernos permiten la regulación automática de la velocidad de los motores principales y auxiliares en función de la demanda operativa y las condiciones ambientales. Esto se logra mediante sistemas de control de velocidad variable, que ajustan la velocidad del motor en tiempo real para optimizar el consumo de combustible y reducir el desgaste mecánico.
- **Gestión de la carga**: Los sistemas de control también permiten la gestión automática de la carga en los motores auxiliares, asegurando que la potencia generada sea adecuada para las necesidades del buque sin sobrecargar los generadores o motores.

Arranque y parada automatizados

- **Secuencias de arranque y parada**: Los sistemas de control automatizados gestionan las secuencias de arranque y parada de los motores principales y auxiliares, minimizando el riesgo de errores operativos y reduciendo el estrés en los componentes mecánicos. Estos sistemas también aseguran que los motores alcancen la velocidad de rotación necesaria antes de acoplarse a la carga.
- **Redundancia y seguridad**: Para garantizar la seguridad, estos sistemas suelen incluir redundancias y protocolos de seguridad que permiten una parada segura en caso de emergencia, evitando daños a los motores y sistemas asociados.

Impacto en la eficiencia operativa

- **Optimización del consumo de combustible**: El control preciso de la velocidad y la carga de los motores ayuda a optimizar el consumo de combustible, lo que es esencial en la operación económica de los buques. La capacidad de ajustar automáticamente la operación del motor también contribuye a reducir las emisiones de gases contaminantes.
- **Reducción del desgaste**: Al mantener los motores operando dentro de sus parámetros óptimos, los sistemas de control ayudan a reducir el desgaste mecánico, prolongando la vida útil de los componentes y disminuyendo la necesidad de mantenimiento no planificado.

4.2. Supervisión y control de sistemas de propulsión

La propulsión del buque es otra área crítica donde los sistemas de control y monitoreo desempeñan un papel crucial. Estos sistemas aseguran que la potencia generada por los motores se transfiera de manera eficiente y segura al sistema de propulsión, que incluye hélices, azimutales, jets de agua, entre otros.

Control de hélices y timones

- **Control de paso de hélice**: En buques equipados con hélices de paso variable, los sistemas de control automatizan el ajuste del paso para optimizar la eficiencia propulsora en función de la velocidad y la carga del buque. Este control permite cambiar el ángulo de las palas de la hélice para maximizar el empuje con el menor consumo de combustible.
- **Integración con el timón**: Los sistemas de control integran la operación de las hélices con los timones, permitiendo un control preciso del rumbo y la maniobrabilidad del buque. Esto es especialmente importante en maniobras de puerto o en condiciones adversas, donde la coordinación entre propulsión y dirección es vital.

Control de propulsión avanzada

- **Sistemas de propulsión azimutal**: En buques con sistemas de propulsión azimutal, que permiten girar la hélice en 360 grados, los sistemas de control gestionan la dirección y la potencia de la hélice para proporcionar un control de maniobrabilidad superior. Estos sistemas son comunes en buques que requieren alta precisión en la maniobra, como remolcadores o plataformas flotantes.
- **Propulsión híbrida**: Los buques modernos a menudo emplean sistemas de propulsión híbridos, que combinan motores diésel con motores eléctricos. Los sistemas de control gestionan la transición entre modos de propulsión, optimizando la eficiencia energética y reduciendo el impacto ambiental.

4.3. Monitoreo de parámetros críticos: presión, temperatura, flujo, etc.

El monitoreo constante de los parámetros operativos es esencial para asegurar que todos los sistemas a bordo funcionen dentro de sus límites seguros y eficientes.

Monitoreo en tiempo real

- **Sensores de presión y temperatura**: Los sensores instalados en motores, sistemas de propulsión, sistemas de refrigeración, y otros equipos críticos permiten el monitoreo en tiempo real de la presión y la temperatura. Estos datos son fundamentales para detectar desviaciones de los parámetros normales, que podrían indicar problemas como fugas, bloqueos o sobrecalentamiento.
- **Sensores de flujo**: En sistemas de lubricación, combustible y refrigeración, los sensores de flujo aseguran que los fluidos circulen correctamente. Un flujo anómalo puede ser una señal de problemas que necesitan atención inmediata.

Alarmas y respuestas automáticas

- **Sistemas de alarma**: Los sistemas de control están programados para emitir alarmas cuando los parámetros monitoreados superan los umbrales establecidos. Estas alarmas pueden ser visuales y audibles, y están diseñadas para alertar a la tripulación de un problema que requiere acción inmediata.
- **Acciones correctivas automáticas**: En muchos casos, los sistemas de control pueden tomar medidas correctivas automáticamente, como ajustar válvulas, reducir la carga del motor o activar sistemas de emergencia, para mitigar los efectos de una condición anormal antes de que se convierta en una falla crítica.

Impacto en la seguridad y fiabilidad

- **Prevención de fallos**: El monitoreo continuo y la respuesta rápida a las desviaciones de los parámetros operativos son cruciales para prevenir fallos catastróficos, que pueden resultar en daños costosos y peligros para la tripulación.
- **Mejora en la toma de decisiones**: Los datos recopilados por los sistemas de monitoreo permiten a los operadores tomar decisiones informadas sobre la operación y el mantenimiento de los sistemas, mejorando la seguridad y la eficiencia operativa.

4.4. Sistemas de alarma y respuesta ante emergencias

Los sistemas de alarma y respuesta ante emergencias son una parte integral de los sistemas de control y monitoreo, diseñados para proteger tanto al buque como a su tripulación en caso de situaciones críticas.

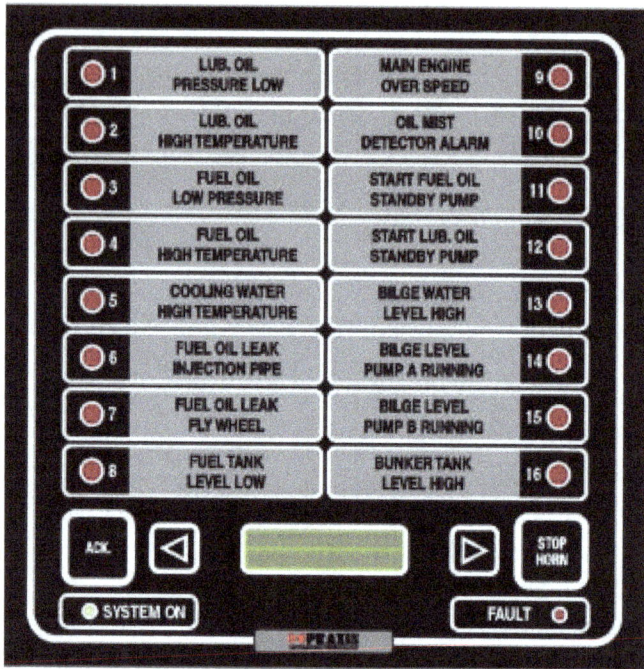

Figure 24

Tipos de alarmas

- **Alarmas de maquinaria**: Estas alarmas se activan cuando los sistemas críticos, como los motores, sistemas de propulsión o sistemas eléctricos, operan fuera de los parámetros seguros. Pueden indicar problemas como baja presión de aceite, alta temperatura del motor o sobrecarga eléctrica.
- **Alarmas de seguridad y emergencia**: Alarmas específicas para incendios, detección de gases, fugas de combustible o agua, y otras emergencias a bordo son cruciales para iniciar procedimientos de respuesta inmediata.

Procedimientos de respuesta automatizados

- **Paro automático de sistemas**: En situaciones de emergencia, los sistemas de control pueden desencadenar un paro automático de los sistemas afectados para evitar daños mayores o riesgos para la tripulación. Por ejemplo, en caso de un incendio en la sala de máquinas, el sistema puede cerrar automáticamente las válvulas de combustible y activar los sistemas de extinción de incendios.
- **Activación de equipos de emergencia**: Los sistemas de control también pueden activar automáticamente equipos de emergencia, como bombas de achique en caso de inundación o ventiladores de extracción en caso de detección de gases peligrosos.

Impacto en la gestión de emergencias

- **Reducción del tiempo de respuesta**: La capacidad de detectar problemas de manera temprana y responder automáticamente a las emergencias reduce significativamente el tiempo de respuesta, minimizando los daños y mejorando la seguridad de la tripulación.
- **Mejora en la coordinación**: Los sistemas de alarma y respuesta también ayudan a coordinar las acciones de la tripulación durante una emergencia, asegurando que se sigan los procedimientos correctos y que las medidas de mitigación se implementen rápidamente.

El desarrollo y la implementación de sistemas de control y monitoreo avanzados son esenciales para la operación segura y eficiente de los buques modernos. Estos sistemas no solo optimizan el rendimiento operativo, sino que también juegan un papel crucial en la prevención de fallos y la gestión de emergencias, protegiendo tanto la integridad del buque como la seguridad de la tripulación. A medida que la tecnología avanza, estos sistemas seguirán evolucionando, integrando nuevas capacidades que mejorarán aún más la operación marítima en el futuro.

5. Redes y Comunicaciones en la Automatización Marítima

La automatización en los buques modernos depende en gran medida de redes de comunicación eficiente y segura. Estas redes son responsables de interconectar los diversos sistemas de control, sensores y dispositivos a bordo, permitiendo la transmisión de datos en tiempo real, la coordinación entre sistemas y la toma de decisiones automatizada. Además, las comunicaciones externas juegan un papel crucial en la operación del buque, facilitando la conexión con centros de control en tierra, otros buques, y sistemas satelitales.

Figure 25

5.1. Redes de control industrial: CAN, Modbus, Profibus

Las redes de control industrial son fundamentales para la interconexión de sistemas automatizados en buques. Estas redes permiten la transmisión de datos entre dispositivos de control, sensores, actuadores y sistemas de monitoreo.

CAN (Controller Area Network)

- **Características y usos**: La red CAN es ampliamente utilizada en sistemas de control industrial por su robustez y eficiencia. Es una red de bus que permite la comunicación entre microcontroladores y dispositivos sin la necesidad de un ordenador central. En los buques, se utiliza comúnmente para la interconexión de sistemas críticos como los motores, sistemas de propulsión y sistemas auxiliares.
- **Ventajas**: CAN es conocida por su alta fiabilidad y capacidad de operación en entornos electromagnéticamente

ruidosos, como las salas de máquinas de los buques. Su estructura descentralizada también reduce el riesgo de fallos catastróficos en caso de fallos en un nodo de la red.

Modbus

- **Características y usos**: Modbus es un protocolo de comunicación serial muy utilizado en la industria marítima para conectar dispositivos electrónicos de medición y control. Es especialmente útil para la comunicación entre sistemas de diferentes fabricantes debido a su simplicidad y amplia adopción.
- **Aplicaciones en buques**: Modbus es comúnmente utilizado en sistemas de monitoreo y control de parámetros como temperatura, presión y flujo. También es útil en la interconexión de sistemas de gestión de energía y sistemas de control de motores.

Profibus

- **Características y usos**: Profibus es otro protocolo de comunicación ampliamente utilizado en la automatización industrial, incluyendo aplicaciones marítimas. Soporta la comunicación tanto en redes de bus de campo (Fieldbus) como en redes de control más complejas.
- **Aplicaciones en buques**: Profibus se utiliza para la automatización de procesos complejos y para la integración de sistemas de control de alta precisión, como sistemas de propulsión, sistemas de carga y descarga, y sistemas de gestión de energía.

Comparación y selección

- **Factores a considerar**: La elección entre CAN, Modbus y Profibus depende de varios factores, incluyendo la compatibilidad con los dispositivos existentes, la robustez necesaria, la velocidad de transmisión de datos y los requisitos de la aplicación específica en el buque.

5.2. Comunicaciones a bordo: Ethernet, Wi-Fi, Comunicaciones por satélite

La comunicación dentro del buque y con el exterior es vital para la operación segura y eficiente. Las tecnologías de comunicación a bordo varían desde redes Ethernet y Wi-Fi para la transmisión de datos internos hasta comunicaciones satelitales para la conexión con sistemas y centros de control externos.

Ethernet

- **Características y usos**: Ethernet es una tecnología de red ampliamente utilizada en la industria marítima debido a su capacidad de alta velocidad y fiabilidad. En los buques, Ethernet se emplea para conectar sistemas de control, servidores de datos, estaciones de trabajo y otros dispositivos de red.
- **Aplicaciones en buques**: Es común ver redes Ethernet en sistemas de gestión de datos, como sistemas SCADA, sistemas de monitoreo y control, y en la interconexión de sistemas de entretenimiento y comunicaciones a bordo.
- **Ventajas**: Ethernet ofrece alta velocidad de transmisión, escalabilidad, y es compatible con una amplia gama de dispositivos y aplicaciones.

Wi-Fi

- **Características y usos**: Wi-Fi proporciona una solución inalámbrica para la comunicación dentro del buque. Es particularmente útil para la conexión de dispositivos móviles y para la extensión de la red en áreas donde el cableado Ethernet no es práctico.
- **Aplicaciones en buques**: Wi-Fi es utilizado para proporcionar conectividad a la tripulación, permitir el acceso remoto a sistemas de control, y facilitar la comunicación entre dispositivos móviles y estaciones de trabajo.
- **Desafíos**: Sin embargo, Wi-Fi puede ser susceptible a interferencias y tiene limitaciones en cuanto a la cobertura y

la seguridad en entornos metálicos y electromagnéticamente ruidosos como los buques.

Comunicaciones por satélite

- **Características y usos**: Las comunicaciones por satélite son esenciales para la operación de los buques en alta mar, permitiendo la conexión con centros de control en tierra, otros buques, y sistemas de gestión globales.
- **Aplicaciones en buques**: Estas comunicaciones se utilizan para la transmisión de datos críticos, como la posición del buque, información meteorológica, y comunicaciones de emergencia. También son vitales para el acceso a Internet en alta mar y para la transmisión de datos de telemetría a centros de control en tierra.
- **Limitaciones**: Las comunicaciones satelitales pueden ser costosas y pueden verse afectadas por las condiciones meteorológicas y la latencia en la transmisión de datos.

Figure 26

5.3. Ciberseguridad en redes marítimas

La creciente dependencia de la automatización y las redes de comunicación en los buques ha hecho que la ciberseguridad sea un aspecto crucial. Las amenazas cibernéticas pueden comprometer la operación del buque, poniendo en riesgo la seguridad de la tripulación y la carga, y causando interrupciones operativas significativas.

Riesgos cibernéticos en buques

- **Interferencias en los sistemas de control**: Los ataques cibernéticos pueden interferir con los sistemas de control de los motores, sistemas de navegación, y otros sistemas críticos, provocando fallos en la operación del buque.
- **Acceso no autorizado a redes de comunicación**: Las redes de comunicación internas y externas del buque pueden ser vulnerables a accesos no autorizados, lo que puede llevar al robo de información sensible o a la manipulación de los sistemas.

Medidas de protección

- **Seguridad en redes internas**: Es esencial implementar firewalls, sistemas de detección de intrusos y otras medidas de seguridad en las redes internas del buque para prevenir accesos no autorizados y proteger la integridad de los datos.
- **Encriptación de datos**: La encriptación de las comunicaciones, tanto internas como externas, es crucial para asegurar que los datos transmitidos no puedan ser interceptados o manipulados por actores malintencionados.
- **Actualización y parches de seguridad**: Mantener todos los sistemas y software a bordo actualizados con los últimos parches de seguridad es una medida preventiva fundamental para mitigar las vulnerabilidades conocidas.

Normativas y cumplimiento

- **Estándares internacionales**: Existen varios estándares y normativas internacionales que regulan la ciberseguridad en la industria marítima, como el Código Internacional de Protección de Buques e Instalaciones Portuarias (Código PBIP) y las directrices de la Organización Marítima Internacional (OMI) sobre ciberseguridad.

- **Cumplimiento y auditorías**: Las compañías navieras deben asegurarse de que sus buques cumplan con estas normativas y deben realizar auditorías regulares de sus sistemas de ciberseguridad para identificar y corregir posibles vulnerabilidades.

En resumen, las redes y comunicaciones en la automatización marítima son fundamentales para garantizar la operación eficiente, segura y continua de los buques. Desde la interconexión de sistemas de control a través de redes industriales, hasta las comunicaciones externas vía satélite, estas tecnologías permiten a los operadores gestionar y supervisar todas las operaciones a bordo con un alto grado de precisión y seguridad. A medida que la tecnología avanza, la integración de nuevas soluciones de comunicación y la mejora de la ciberseguridad seguirán siendo prioridades clave en la industria marítima.

6. Sistemas Integrados de Gestión de Buques (Integrated Ship Management Systems)

Los Sistemas Integrados de Gestión de Buques (ISMS, por sus siglas en inglés) representan una evolución significativa en la automatización marítima, uniendo diversas funciones de control y monitoreo bajo un único sistema cohesivo. Estos sistemas permiten a los operadores gestionar eficientemente múltiples aspectos de la operación de un buque, desde la propulsión y la energía, hasta la seguridad y el mantenimiento. Al integrar estas funciones, se mejora la eficiencia operativa, se reduce el riesgo de errores humanos y se optimiza el rendimiento general del buque.

Figure 27

6.1. Concepto y arquitectura de los sistemas integrados

6.1.1. Definición y objetivos

Los ISMS son plataformas centralizadas que consolidan los datos y el control de los sistemas críticos de un buque. Estos sistemas permiten una supervisión y gestión unificadas de todas las funciones esenciales, proporcionando una visión integral del estado operativo del buque. Los principales objetivos de los ISMS incluyen:

- **Mejora de la eficiencia operativa**: Al integrar múltiples sistemas en una sola interfaz, se simplifica la toma de decisiones y se optimizan los procesos.
- **Reducción de errores humanos**: La automatización de tareas rutinarias y críticas minimiza la probabilidad de errores operativos.
- **Optimización del mantenimiento y la seguridad**: Los ISMS facilitan el mantenimiento predictivo y mejoran la respuesta ante emergencias.

6.1.2. Arquitectura típica de los ISMS

Un ISMS está compuesto por varios subsistemas interconectados, cada uno responsable de una función específica del buque. La arquitectura típica de un ISMS incluye:

- **Sistema de control central**: Actúa como el cerebro del ISMS, coordinando todas las operaciones y procesando la información recibida de los subsistemas.
- **Subsistemas especializados**: Incluyen sistemas de gestión de energía, control de la planta propulsora, sistemas de seguridad, y gestión del lastre y el agua de mar, entre otros.
- **Interfaces de usuario**: Proporcionan a los operadores acceso a la información y control de los subsistemas a través de consolas o estaciones de trabajo central

6.2. Automatización del Control de la Planta Propulsora

La planta propulsora de un buque es uno de los sistemas más críticos para su operación, y la automatización de su control es fundamental para mejorar la eficiencia y la seguridad. A través de los Sistemas Integrados de Gestión de Buques (ISMS), se consigue una supervisión continua y un control automatizado de los motores principales, sistemas de transmisión y otros componentes esenciales de la propulsión.

6.2.1. Componentes de la planta propulsora

- **Motores principales**: Estos motores son responsables de proporcionar la potencia necesaria para mover el buque. La automatización permite controlar la velocidad, la carga y las condiciones operativas de los motores en tiempo real.
- **Sistemas de transmisión**: Incluyen ejes, engranajes y hélices que transmiten la potencia desde los motores al agua. La automatización asegura que estos sistemas funcionen en sincronía y con la máxima eficiencia.
- **Sistemas auxiliares**: Estos incluyen bombas, ventiladores, sistemas de lubricación y refrigeración, todos los cuales son vitales para el funcionamiento seguro de la planta propulsora. La automatización garantiza que estos sistemas operen dentro de sus parámetros óptimos.

6.2.2. Ventajas de la automatización

- **Eficiencia energética**: La automatización permite ajustar los parámetros operativos en función de las condiciones del entorno y las necesidades del buque, optimizando el consumo de combustible.
- **Reducción de emisiones**: Al optimizar la combustión y minimizar el desperdicio de energía, los sistemas automatizados contribuyen a la reducción de emisiones contaminantes.
- **Monitoreo y diagnóstico en tiempo real**: Los ISMS pueden detectar cualquier anomalía en el funcionamiento de la planta propulsora, alertando al operador y, en algunos casos, tomando medidas correctivas automáticamente.
- **Gestión de la seguridad**: La automatización permite una respuesta rápida y eficiente a situaciones de emergencia, como sobrecalentamiento, baja presión de aceite o fallos mecánicos, activando sistemas de seguridad y ajustando la operación para prevenir daños mayores.

6.3. Sistemas de Gestión de Energía

La gestión eficiente de la energía a bordo de un buque es esencial para optimizar el rendimiento y reducir los costos operativos. Los Sistemas Integrados de Gestión de Buques (ISMS) incluyen módulos especializados para la gestión de energía, que supervisan y controlan la generación, distribución y consumo de energía eléctrica y térmica a bordo.

6.3.1. Control de generación de energía

- **Generadores eléctricos**: Los ISMS gestionan la operación de los generadores a bordo, asegurando que se produzca la cantidad adecuada de electricidad según la demanda del buque. Esto incluye la sincronización automática de generadores y la gestión de la carga para evitar sobrecargas o subutilización.
- **Sistemas de cogeneración**: Algunos buques utilizan sistemas de cogeneración para aprovechar el calor residual de los

motores para producir electricidad adicional. La automatización optimiza el balance entre la producción de energía eléctrica y térmica, mejorando la eficiencia total del sistema.

6.3.2. Distribución de energía

- **Red eléctrica del buque**: La distribución de energía es controlada por los ISMS para garantizar un suministro estable y seguro a todos los sistemas a bordo. Esto incluye la gestión de transformadores, interruptores y otros equipos de distribución eléctrica.
- **Balance de carga**: La automatización permite equilibrar la carga entre diferentes circuitos y sistemas, evitando sobrecargas y mejorando la fiabilidad del suministro eléctrico.

6.3.3. Optimización del consumo

- **Monitoreo del consumo**: Los ISMS proporcionan datos en tiempo real sobre el consumo de energía en diferentes partes del buque, permitiendo identificar áreas de alto consumo y oportunidades para mejorar la eficiencia.
- **Estrategias de ahorro energético**: Los sistemas automatizados pueden implementar estrategias de ahorro energético, como el ajuste de la iluminación, la optimización del aire acondicionado y la gestión eficiente de los motores y otros sistemas de alto consumo energético.

6.3.4. Integración de energías renovables

- **Paneles solares y turbinas eólicas**: En algunos buques, se han integrado fuentes de energía renovable, como paneles solares o turbinas eólicas, para complementar la producción de energía. Los ISMS gestionan la integración de estas fuentes con los sistemas de generación convencionales, optimizando su uso en función de las condiciones ambientales y las necesidades energéticas del buque.

- **Almacenamiento de energía**: La inclusión de sistemas de almacenamiento de energía, como baterías, es gestionada por los ISMS para garantizar un suministro energético continuo, incluso en condiciones de baja generación renovable.

6.4. Sistemas de Gestión de Lastre y Agua de Mar

El manejo adecuado del lastre y el agua de mar es crucial para la estabilidad, seguridad y eficiencia del buque. Los ISMS incluyen módulos para la automatización de los sistemas de gestión de lastre, que permiten controlar y monitorear el proceso de llenado, transferencia y descarga de agua de lastre.

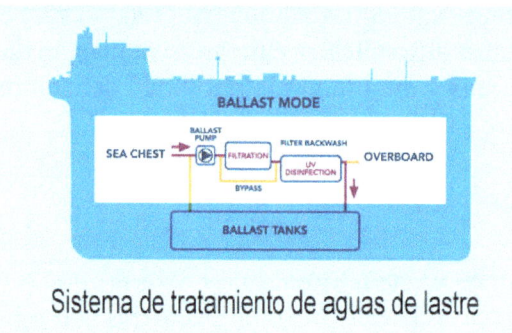

Sistema de tratamiento de aguas de lastre

Figure 28

6.4.1. Importancia del manejo de lastre

- **Estabilidad del buque**: El lastre es esencial para mantener la estabilidad del buque, especialmente cuando no está cargado a plena capacidad. La automatización asegura que el lastre se gestione de manera eficiente para mantener el centro de gravedad adecuado y la estabilidad del buque.
- **Cumplimiento de normativas ambientales**: La descarga de agua de lastre puede introducir especies invasoras en nuevos ecosistemas. Los ISMS aseguran que el manejo del lastre cumpla con las normativas ambientales internacionales, como la Convención Internacional para el Control y la Gestión del Agua de Lastre y los Sedimentos de los Buques (Convenio BWM).

6.4.2. Automatización del control de lastre

- **Sistema de bombeo automatizado**: Los sistemas de bombeo de lastre automatizados permiten la transferencia de agua entre tanques de lastre con precisión, asegurando una distribución equilibrada del peso a bordo. Estos sistemas están integrados en los ISMS para proporcionar control remoto y programación de operaciones de bombeo.
- **Monitoreo en tiempo real**: Los ISMS monitorean continuamente los niveles de agua de lastre en cada tanque, ajustando el sistema de bombeo según sea necesario para mantener la estabilidad óptima del buque.

6.4.3. Tratamiento de agua de lastre

- **Sistemas de tratamiento**: Para cumplir con las regulaciones ambientales, muchos buques están equipados con sistemas de tratamiento de agua de lastre que eliminan o neutralizan organismos marinos antes de la descarga. Los ISMS integran y controlan estos sistemas, asegurando que el tratamiento se realice de manera eficiente y conforme a las normativas.
- **Registro y reporte automatizado**: Los ISMS registran todas las operaciones relacionadas con el manejo y tratamiento de lastre, generando informes automáticos que pueden ser utilizados para auditorías y cumplimiento de normativas.

En resumen, los Sistemas Integrados de Gestión de Buques (ISMS) son fundamentales para la operación moderna de los buques, mejorando la eficiencia, seguridad y cumplimiento normativo a través de la automatización avanzada de procesos clave como el control de la planta propulsora, la gestión de energía y el manejo de lastre y agua de mar.

7. Control Automático de la Planta Eléctrica

La planta eléctrica de un buque es uno de los sistemas vitales para su operación segura y eficiente. El control automático de esta planta es esencial para garantizar un suministro continuo y estable de energía eléctrica, que alimenta todos los sistemas a bordo, desde la propulsión hasta la iluminación y los sistemas de comunicación. Este apartado examina los aspectos clave del control automatizado de la planta eléctrica en los buques, incluyendo su estructura, la gestión de la carga, la protección y seguridad, y la integración de tecnologías avanzadas.

Figure 29

7.1. Estructura y Componentes de la Planta Eléctrica en Buques

La planta eléctrica de un buque está compuesta por varios elementos interconectados que deben operar de manera coordinada para asegurar un suministro de energía confiable. Los componentes principales incluyen:

- **Generadores eléctricos**: Estos son los responsables de convertir la energía mecánica, producida generalmente por motores diésel o turbinas, en energía eléctrica. Los generadores deben ser capaces de operar en diferentes condiciones de carga y adaptarse a las demandas fluctuantes de energía a bordo.
- **Tableros de distribución**: Estos equipos distribuyen la energía generada a los diferentes sistemas y equipos del buque. Su función es mantener un suministro de energía equilibrado y seguro.

- **Sistemas de almacenamiento de energía**: En algunos buques, se utilizan baterías u otros medios de almacenamiento de energía para garantizar un suministro continuo durante fluctuaciones en la generación o en caso de fallos en los generadores.
- **Sistemas de protección**: Incluyen dispositivos como disyuntores y relés de protección que protegen la planta eléctrica contra fallos, cortocircuitos y sobrecargas.

7.2. Generadores: Control de Carga y Sincronización Automática

Uno de los aspectos más críticos del control automático de la planta eléctrica es la gestión de los generadores. Esto incluye la sincronización y el control de la carga para asegurar que los generadores operen de manera eficiente y confiable.

- **Sincronización automática**: La sincronización de los generadores es crucial cuando se requiere que varios generadores trabajen en paralelo. Los sistemas automáticos ajustan la frecuencia, el voltaje y la fase de los generadores para que se sincronicen correctamente antes de conectarse a la red eléctrica del buque.
- **Control de carga**: Una vez sincronizados, los sistemas automáticos gestionan la distribución de la carga entre los generadores para evitar sobrecargas y subutilización. Esto se logra mediante el ajuste automático de la salida de cada generador según las necesidades energéticas del buque.
- **Optimización del consumo de combustible**: El control automático también optimiza el consumo de combustible ajustando la operación de los generadores para que trabajen dentro de sus rangos de eficiencia óptima, reduciendo así los costos operativos y las emisiones.

7.3. Sistemas de Distribución Eléctrica Automatizados

La distribución eficiente de la energía eléctrica a bordo es fundamental para garantizar que todos los sistemas operen sin interrupciones. Los sistemas de distribución automatizados juegan un papel crucial en esto.

- **Redundancia y seguridad**: Los sistemas automatizados gestionan la distribución de energía con redundancias incorporadas, lo que significa que en caso de un fallo en una parte de la red, la energía puede ser redirigida automáticamente a través de rutas alternativas para mantener el suministro.
- **Monitoreo continuo**: Los sistemas de distribución automatizados permiten el monitoreo continuo del flujo de energía, detectando cualquier anomalía o fallo y tomando medidas correctivas de inmediato.
- **Balanceo de carga**: Para evitar sobrecargas en ciertas partes de la red eléctrica, los sistemas automatizados pueden redistribuir la energía de manera equilibrada, asegurando una operación estable y eficiente.

7.4. Gestión de la Demanda Eléctrica y Balanceo de Carga

El control automático de la planta eléctrica también incluye la gestión de la demanda y el balanceo de carga, que son esenciales para la operación eficiente y segura del buque.

- **Gestión de picos de demanda**: Los sistemas automáticos pueden predecir y gestionar picos de demanda eléctrica, asegurando que los generadores y la red estén preparados para manejar incrementos súbitos en el consumo de energía.
- **Priorización de sistemas**: En situaciones donde la demanda excede la capacidad de los generadores, los sistemas automáticos pueden priorizar el suministro de energía a sistemas críticos, asegurando que las funciones esenciales del buque no se vean afectadas.
- **Reducción de consumo**: Mediante la automatización, es posible implementar estrategias de reducción de consumo, como el apagado temporal de sistemas no críticos o la modulación de la iluminación y el aire acondicionado.

7.5. Protección y Seguridad en Sistemas Eléctricos Automatizados

La protección y seguridad de los sistemas eléctricos a bordo es de suma importancia para prevenir accidentes, daños a los equipos y garantizar la seguridad de la tripulación.

- **Protección contra sobrecargas y cortocircuitos**: Los sistemas automáticos están equipados con dispositivos de protección que detectan sobrecargas y cortocircuitos, desconectando las partes afectadas de la red para evitar daños mayores.
- **Aislamiento de fallos**: En caso de un fallo en un componente del sistema eléctrico, los sistemas automatizados pueden aislar rápidamente la sección afectada, manteniendo la operación del resto de la planta eléctrica.
- **Sistemas de respaldo**: Los buques están equipados con sistemas de respaldo, como generadores de emergencia, que se activan automáticamente en caso de fallo en la planta eléctrica principal, asegurando un suministro continúo de energía.

7.6. Integración de Energías Renovables y Almacenamiento en la Planta Eléctrica

La integración de energías renovables y sistemas de almacenamiento en la planta eléctrica de los buques es una tendencia creciente, impulsada por la necesidad de reducir el consumo de combustible fósil y minimizar las emisiones.

- **Paneles solares y turbinas eólicas**: En algunos buques, se han instalado paneles solares y turbinas eólicas como fuentes complementarias de energía. Los sistemas automatizados gestionan la integración de estas fuentes con los generadores convencionales, optimizando su uso en función de las condiciones meteorológicas y las necesidades energéticas.
- **Sistemas de almacenamiento de energía**: El almacenamiento de energía, como las baterías, juega un papel

crucial en la estabilización del suministro eléctrico, especialmente cuando se utilizan energías renovables. Los sistemas automáticos gestionan la carga y descarga de las baterías para maximizar su eficiencia y prolongar su vida útil.

7.7. Monitoreo y Diagnóstico de Fallos en la Planta Eléctrica

El monitoreo continuo y el diagnóstico de fallos son esenciales para garantizar la fiabilidad y seguridad de la planta eléctrica.

- **Monitoreo en tiempo real**: Los sistemas automáticos permiten el monitoreo en tiempo real de todos los componentes de la planta eléctrica, proporcionando alertas inmediatas en caso de cualquier desviación de los parámetros normales de operación.
- **Diagnóstico de fallos**: En caso de fallo, los sistemas automatizados pueden realizar un diagnóstico detallado, identificando la causa y sugiriendo o implementando medidas correctivas.
- **Mantenimiento predictivo**: Al recopilar y analizar datos continuamente, los sistemas automatizados pueden predecir fallos potenciales y programar el mantenimiento preventivo antes de que ocurra un fallo crítico.

En resumen, el control automático de la planta eléctrica en buques es un elemento clave para la operación segura y eficiente, permitiendo una gestión optimizada de la generación, distribución y consumo de energía, al tiempo que garantiza la protección y seguridad de los sistemas eléctricos a bordo. La integración de tecnologías avanzadas, como energías renovables y almacenamiento, y el uso de sistemas de monitoreo y diagnóstico, contribuyen significativamente a mejorar la fiabilidad y sostenibilidad de las operaciones marítimas.

8. Automatización y Funcionamiento del Motor Principal

El motor principal de un buque es el corazón de su sistema de propulsión, y su funcionamiento eficiente y seguro es crucial para la operación general del barco. La automatización de los sistemas relacionados con el motor principal permite un control más preciso, una mayor eficiencia y una reducción de los riesgos operativos. Este apartado explora los diferentes aspectos de la automatización en el funcionamiento del motor principal, desde el control automatizado y la gestión de parámetros operativos hasta la detección de fallos y la optimización del rendimiento.

8.1. Tipos y Características de Motores Principales Marinos

Los motores principales marinos son máquinas complejas diseñadas para proporcionar la potencia necesaria para la propulsión de grandes embarcaciones. Los dos tipos principales son:

- **Motores de combustión interna diésel**: Son los más comúnmente utilizados en buques debido a su eficiencia y fiabilidad. Estos motores funcionan quemando combustible diésel, lo que produce la energía mecánica necesaria para la propulsión.
- **Motores de turbinas de gas**: Menos comunes en la marina mercante, pero utilizados en buques de guerra y algunas embarcaciones de alta velocidad, las turbinas de gas son más ligeras y pueden generar gran potencia en un espacio reducido.

Cada tipo de motor tiene características específicas que afectan su automatización, desde los sistemas de inyección de combustible hasta los controles de velocidad y temperatura.

8.2. Sistemas de Control Automatizado del Motor Principal

El control automatizado del motor principal es esencial para mantener una operación eficiente y segura. Los sistemas de automatización permiten el monitoreo y ajuste continuo de múltiples parámetros críticos.

- **Control de la inyección de combustible**: Los sistemas automatizados regulan la cantidad y el momento de la inyección de combustible para maximizar la eficiencia del motor y minimizar las emisiones.

- **Control de velocidad**: A través de sistemas automatizados, la velocidad del motor puede ser ajustada en tiempo real para adaptarse a las necesidades de la navegación, como en maniobras de puerto o durante la navegación a alta mar.
- **Control de temperatura y presión**: La automatización permite mantener las condiciones óptimas de temperatura y presión dentro del motor, lo que es crucial para prevenir el desgaste prematuro y los fallos.

8.3. Gestión Automática de Arranque, Parada y Cambio de Carga

La automatización también abarca la gestión de los procedimientos de arranque, parada y cambio de carga del motor principal, lo cual es fundamental para la operación diaria del buque.

- **Arranque automático**: Los sistemas de automatización gestionan la secuencia de arranque del motor, asegurando que todos los sistemas auxiliares estén operativos y que las condiciones internas del motor, como la presión de aceite y la temperatura, estén dentro de los rangos seguros antes de iniciar.
- **Parada automática**: De manera similar, los sistemas automatizados aseguran una parada controlada del motor, evitando daños por paradas abruptas y asegurando que todos los subsistemas se desactiven de manera segura.
- **Cambio de carga**: Durante la operación, los buques a menudo requieren ajustes en la carga del motor principal. Los sistemas automatizados permiten realizar estos cambios de manera suave y eficiente, minimizando el estrés en los componentes del motor.

8.4. Control de Parámetros Operativos: Presión, Temperatura, Velocidad

El control de los parámetros operativos es una función crítica de la automatización, que permite un monitoreo continuo y ajustes en tiempo real para mantener la operación del motor dentro de los límites óptimos.

- **Presión**: La presión del aceite, combustible y aire dentro del motor es monitoreada constantemente para asegurar que se mantenga dentro de los rangos seguros. Los sistemas automatizados ajustan las válvulas y bombas según sea necesario para mantener la presión adecuada.
- **Temperatura**: La temperatura en diferentes partes del motor, como los cilindros, el sistema de refrigeración y el aceite lubricante, es controlada automáticamente para prevenir el sobrecalentamiento y el desgaste prematuro.
- **Velocidad**: La velocidad del motor, medida en revoluciones por minuto (RPM), es ajustada automáticamente para optimizar el rendimiento y la eficiencia según las condiciones de operación del buque.

8.5. Supervisión y Ajuste de Sistemas de Combustible y Lubricación

El suministro de combustible y la lubricación son fundamentales para el buen funcionamiento del motor principal, y su gestión automatizada asegura que se realicen de manera óptima.

- **Sistemas de combustible**: Los sistemas automatizados regulan el flujo de combustible, asegurando que se entregue la cantidad correcta en el momento adecuado para una combustión eficiente. También monitorean la calidad del combustible y ajustan los sistemas de tratamiento si es necesario.
- **Sistemas de lubricación**: La automatización en la lubricación garantiza que todas las partes móviles del motor reciban la cantidad adecuada de lubricante, minimizando el desgaste y reduciendo el riesgo de fallos mecánicos.

8.6. Detección y Gestión de Fallos en el Motor Principal

La detección temprana y la gestión efectiva de fallos son esenciales para prevenir daños mayores y mantener la operatividad del buque.

- **Sistemas de detección de fallos**: Los sensores integrados en el motor principal monitorean constantemente su condición y detectan cualquier desviación de los parámetros normales, como vibraciones anormales, cambios de presión o temperatura, o ruidos inusuales.
- **Respuesta automática a fallos**: Cuando se detecta un fallo, los sistemas automatizados pueden tomar medidas inmediatas, como reducir la carga del motor, ajustar los parámetros operativos o incluso detener el motor si es necesario para evitar daños mayores.
- **Diagnóstico y mantenimiento**: La automatización también facilita el diagnóstico de fallos, proporcionando datos detallados que permiten a la tripulación identificar la causa raíz del problema y realizar reparaciones más rápidamente.

8.7. Impacto de la Automatización en la Eficiencia y Rendimiento del Motor

La implementación de sistemas automatizados en el motor principal tiene un impacto significativo en la eficiencia operativa y el rendimiento general del buque.

- **Optimización del consumo de combustible**: La automatización permite un control más preciso de la inyección de combustible y otros parámetros operativos, lo que se traduce en un menor consumo de combustible y una mayor eficiencia energética.
- **Reducción de emisiones**: Al optimizar la combustión y otras funciones críticas, los sistemas automatizados ayudan a reducir las emisiones contaminantes del motor, contribuyendo al cumplimiento de las normativas ambientales.
- **Mantenimiento prolongado**: La capacidad de monitorear continuamente la condición del motor y ajustar los parámetros en tiempo real reduce el desgaste y prolonga la vida útil de los componentes, lo que a su vez disminuye la necesidad de mantenimiento y los costos asociados.
- **Mejora en la fiabilidad**: La automatización reduce el riesgo de fallos imprevistos, lo que mejora la fiabilidad del motor

principal y, por ende, la seguridad y operatividad del buque en general.

En resumen, la automatización del funcionamiento del motor principal es un factor crucial para mejorar la eficiencia, fiabilidad y sostenibilidad de las operaciones marítimas. Los sistemas automatizados permiten un control más preciso, la detección temprana de fallos y una gestión óptima de los recursos, lo que se traduce en un rendimiento superior del motor y una operación más segura y económica del buque.

9. Automatización y Seguridades de los Motores Diésel

Los motores diésel son fundamentales para la propulsión y generación de energía a bordo de buques, especialmente en embarcaciones comerciales y navíos. La automatización en estos motores no solo optimiza su rendimiento y eficiencia, sino que también juega un papel crucial en la seguridad operativa. Este apartado se centra en los aspectos clave de la automatización de motores diésel, incluyendo sus fundamentos, el monitoreo de parámetros críticos, las protecciones contra fallos, y las mejores prácticas en su mantenimiento.

9.1. Fundamentos de los Motores Diésel Marinos

Los motores diésel marinos son conocidos por su durabilidad y eficiencia, siendo ampliamente utilizados debido a su capacidad para operar a bajas revoluciones y su alta eficiencia en el consumo de combustible. Los principios básicos de su funcionamiento incluyen:

- **Ciclo de funcionamiento**: Los motores diésel operan bajo el ciclo diésel, que se basa en la compresión del aire en los cilindros para elevar su temperatura y, posteriormente, inyectar el combustible que se enciende debido a la alta temperatura. Este ciclo se diferencia del ciclo Otto de los motores de gasolina, que usa bujías para la ignición.
- **Componentes principales**: Incluyen el sistema de inyección de combustible, el turboalimentador (si está equipado), el

sistema de refrigeración, y el sistema de escape. Cada uno de estos componentes debe ser monitoreado y controlado para asegurar el funcionamiento óptimo del motor.

9.2. Sistemas de Control Automatizado para Motores Diésel

La automatización de los motores diésel mejora la precisión en la gestión de operaciones y el mantenimiento del motor. Los sistemas de control automatizado incluyen:

- **Control de inyección de combustible**: La automatización regula el volumen y el momento de la inyección del combustible, optimizando la eficiencia de la combustión y reduciendo las emisiones. Los sistemas modernos pueden ajustar estos parámetros en función de la carga y las condiciones operativas del motor.
- **Control de la velocidad**: Los sistemas automatizados permiten el ajuste preciso de la velocidad del motor, manteniéndola en el rango deseado de manera estable a pesar de las variaciones en la carga y otros factores externos.
- **Gestión de la carga**: Estos sistemas distribuyen la carga del motor de manera uniforme, evitando sobrecargas y asegurando un funcionamiento eficiente.

9.3. Monitoreo de Parámetros Críticos: Presión, Temperatura, Velocidad

El monitoreo continuo de parámetros críticos es vital para asegurar la operación segura y eficiente de los motores diésel. Los parámetros clave incluyen:

- **Presión**: La presión del aceite, del combustible y del aire en los cilindros debe ser monitoreada constantemente. La presión adecuada asegura una lubricación eficaz, una combustión óptima y una operación estable del motor.
- **Temperatura**: La temperatura del motor, del refrigerante y del aceite debe ser controlada para evitar el sobrecalentamiento, que puede provocar daños en el motor o incluso fallos catastróficos. Los sistemas automatizados

ajustan el flujo del refrigerante y la operación de los sistemas de enfriamiento según sea necesario.
- **Velocidad**: La velocidad del motor (RPM) es monitoreada para mantenerla dentro del rango seguro y eficiente. Los sistemas de control automatizados ajustan la velocidad del motor en respuesta a las variaciones en la carga o las condiciones operativas.

9.4. Protección Contra Sobrecarga y Sobrecalentamiento

La protección del motor diésel contra sobrecarga y sobrecalentamiento es crucial para prevenir daños y mantener la seguridad operativa.

- **Protección contra sobrecarga**: Los sistemas automatizados detectan condiciones de sobrecarga y pueden ajustar la operación del motor o activar alarmas para alertar a la tripulación. En casos extremos, el sistema puede reducir la carga o detener el motor para evitar daños.
- **Protección contra sobrecalentamiento**: Los sensores de temperatura monitorean continuamente el motor y el sistema de refrigeración. Si se detecta un sobrecalentamiento, el sistema automático puede aumentar la velocidad del ventilador, ajustar el flujo del refrigerante o activar una parada de emergencia si es necesario.

9.5. Sistemas de Alarma y Paro Automático

Los sistemas de alarma y paro automático son esenciales para la gestión segura de los motores diésel.

- **Alarmas**: Los sistemas automatizados emiten alarmas en caso de condiciones anómalas, como niveles bajos de aceite, alta temperatura, o baja presión. Las alarmas permiten a la tripulación tomar medidas correctivas antes de que se produzcan fallos graves.
- **Paro automático**: En situaciones críticas, los sistemas automatizados pueden detener el motor de manera controlada para prevenir daños mayores. El paro automático se activa en

respuesta a fallos graves o condiciones inseguras, asegurando una parada segura y evitando daños extensos.

9.6. Mantenimiento Predictivo y Diagnóstico de Fallos

El mantenimiento predictivo y el diagnóstico de fallos son aspectos clave en la automatización de motores diésel, permitiendo una gestión proactiva del mantenimiento.

- **Mantenimiento predictivo**: Utilizando datos de sensores y algoritmos de análisis, los sistemas automatizados pueden predecir fallos potenciales antes de que ocurran. Esto permite a la tripulación realizar mantenimiento preventivo en el momento adecuado, reduciendo el riesgo de fallos inesperados y extendiendo la vida útil del motor.
- **Diagnóstico de fallos**: Los sistemas automatizados proporcionan datos detallados sobre el estado del motor, permitiendo una rápida identificación de problemas. Los diagnósticos automáticos pueden sugerir acciones correctivas o indicar la necesidad de intervención técnica.

9.7. Mejores Prácticas en la Automatización de Motores Diésel

Implementar mejores prácticas en la automatización de motores diésel es crucial para maximizar su eficiencia y prolongar su vida útil. Algunas prácticas recomendadas incluyen:

- **Calibración y ajustes regulares**: Asegurarse de que los sistemas de control automatizados estén correctamente calibrados y ajustados para mantener la eficiencia operativa.
- **Entrenamiento de la tripulación**: Capacitar a la tripulación en el uso y mantenimiento de los sistemas automatizados, así como en la interpretación de las alarmas y diagnósticos.
- **Revisión y actualización de software**: Mantener los sistemas de control actualizados con el último software y realizar revisiones periódicas para garantizar que las funcionalidades y protecciones estén al día.
- **Documentación y procedimientos**: Mantener una documentación detallada de los sistemas de automatización y

seguir procedimientos estandarizados para el mantenimiento y la resolución de problemas.

En resumen, la automatización de los motores diésel en los buques proporciona un control preciso, una mayor eficiencia y una mayor seguridad operativa. Los sistemas automatizados permiten el monitoreo y ajuste continuo de parámetros críticos, protegen contra condiciones adversas y facilitan el mantenimiento predictivo y el diagnóstico de fallos. La implementación de buenas prácticas en la automatización contribuye a una operación más confiable y eficiente del motor diésel y del buque en general.

9.8. Control Automático de Bombas y Compresores

El control automático de bombas y compresores es fundamental para la operación eficiente y segura de los sistemas a bordo de un buque. Estos componentes son esenciales para la gestión de líquidos y gases, desde la refrigeración y el suministro de agua hasta el manejo de combustibles y otros fluidos críticos. La automatización de estos sistemas asegura su funcionamiento óptimo y reduce la necesidad de intervención manual.

9.8.1. Tipos de Bombas y Compresores en la Cámara de Máquinas

En la cámara de máquinas de un buque, se utilizan diversos tipos de bombas y compresores, cada uno con características específicas para diferentes aplicaciones:

- **Bombas centrífugas**: Utilizadas comúnmente para transferir líquidos. Estas bombas funcionan mediante un impulsor que crea una fuerza centrífuga, moviendo el líquido hacia el exterior y a través del sistema. Son adecuadas para aplicaciones de bombeo de agua, combustible y otros líquidos.
- **Bombas de desplazamiento positivo**: Estas bombas están diseñadas para proporcionar un flujo constante y preciso, independientemente de la presión del sistema. Se utilizan en aplicaciones que requieren alta presión, como en sistemas de lubricación y bombas de alta presión.

- **Compresores de desplazamiento positivo**: Aumentan la presión de los gases mediante la reducción de su volumen. Son comunes en sistemas de aire acondicionado y refrigeración, donde se requiere una compresión constante del aire o gases refrigerantes.
- **Compresores dinámicos**: Utilizan la energía cinética para aumentar la presión de los gases. Son ideales para aplicaciones que requieren un flujo continuo y constante, como en sistemas de ventilación y suministro de aire a alta presión.

9.8.2. Automatización del Arranque y Paro de Bombas y Compresores

La automatización en el arranque y paro de bombas y compresores optimiza su funcionamiento y aumenta la seguridad operativa:

- **Arranque automático**: Los sistemas automatizados pueden iniciar bombas y compresores basándose en las necesidades del sistema, como niveles de líquido en tanques o presión en sistemas de tuberías. Esto reduce la necesidad de intervención manual y asegura que los equipos estén operativos cuando se necesiten.
- **Paro automático**: Los sistemas también gestionan el paro de los equipos cuando ya no son necesarios o si se detectan condiciones anómalas. Por ejemplo, una bomba puede apagarse automáticamente si se detecta una fuga o si el nivel del líquido cae por debajo de un umbral seguro.
- **Secuencia de arranque/parada**: La automatización coordina el arranque y paro de múltiples bombas y compresores, evitando sobrecargas y optimizando el rendimiento. Esto incluye la sincronización de la operación de diferentes equipos para asegurar un funcionamiento eficiente.

9.8.3. Control de Presión y Flujo en Sistemas de Bombeo

El control preciso de la presión y el flujo es crucial para la eficiencia y seguridad en los sistemas de bombeo:

- **Control de presión**: Los sistemas automatizados regulan la presión en las líneas de bombeo mediante ajustes en válvulas y bombas. Esto asegura que la presión se mantenga dentro de límites operativos seguros, previniendo daños en el sistema y asegurando un rendimiento constante.
- **Control de flujo**: La automatización ajusta el flujo de líquidos a través de las bombas, utilizando variadores de velocidad o válvulas de control. Esto permite mantener el caudal adecuado y responde a las variaciones en la demanda del sistema.
- **Control de carga variable**: Los sistemas ajustan automáticamente la velocidad de las bombas y compresores en respuesta a cambios en la carga o demanda, optimizando el consumo de energía y manteniendo la eficiencia operativa.

9.8.4. Monitoreo y Diagnóstico de Fallos en Compresores

El monitoreo y diagnóstico proactivo son esenciales para mantener la fiabilidad y el rendimiento de los compresores:

- **Monitoreo de parámetros operativos**: Los sensores miden parámetros como la presión, la temperatura y las vibraciones en los compresores. Estos datos permiten evaluar el estado del compresor y detectar desviaciones que podrían indicar problemas.
- **Diagnóstico de fallos**: Los sistemas automatizados analizan los datos de monitoreo para identificar posibles fallos, como sobrecalentamiento, fugas o problemas en el sistema de lubricación. Los diagnósticos pueden proporcionar alertas tempranas y recomendaciones para la intervención.
- **Mantenimiento predictivo**: Basado en los datos recogidos, los sistemas automatizados pueden prever fallos antes de que ocurran. Esto permite realizar mantenimientos preventivos y reducir el riesgo de paradas inesperadas.

9.8.5. Integración de Sistemas de Control de Bombas y Compresores con Sensores

La integración de sistemas de control con sensores es clave para un manejo efectivo de bombas y compresores:

- **Sensores de presión y flujo**: Los sensores proporcionan datos en tiempo real sobre la presión y el flujo de los líquidos y gases. Esta información es utilizada por los sistemas de control para ajustar automáticamente el funcionamiento de las bombas y compresores.
- **Sensores de temperatura y vibración**: Estos sensores monitorean el estado de los componentes mecánicos, detectando condiciones como sobrecalentamiento o desbalanceo. Los datos permiten ajustes automáticos para evitar daños y mantener la operación eficiente.
- **Redes de comunicación**: Los datos de los sensores son transmitidos a través de redes industriales como Modbus o CAN, permitiendo una comunicación efectiva entre los sensores y los sistemas de control.
- **Sistema SCADA**: Los sistemas SCADA (Supervisory Control and Data Acquisition) integran los datos de sensores y controlan las bombas y compresores desde una estación centralizada. Esto facilita la supervisión y el manejo integral de estos sistemas a bordo del buque.

En resumen, la automatización del control de bombas y compresores optimiza el rendimiento y la seguridad operativa a bordo de un buque. La implementación de sistemas automatizados para el arranque, paro, control de presión y flujo, monitoreo de fallos y la integración con sensores permite una gestión más eficiente y confiable de estos componentes esenciales.

10. Automatización del Mantenimiento Predictivo

La automatización del mantenimiento predictivo es una estrategia clave en la gestión de activos a bordo de buques, que busca prever fallos antes de que ocurran para minimizar interrupciones y costos.

Este enfoque se basa en el análisis de datos y el uso de tecnologías avanzadas para realizar mantenimientos de manera oportuna, mejorando la fiabilidad y la eficiencia operativa de los sistemas marítimos.

10.1. Mantenimiento Basado en Condición (CBM)

El Mantenimiento Basado en Condición (CBM) es una estrategia que utiliza datos en tiempo real para evaluar el estado de los equipos y determinar la necesidad de mantenimiento. A diferencia del mantenimiento preventivo, que se basa en intervalos de tiempo predeterminados, el CBM se centra en la condición real del equipo.

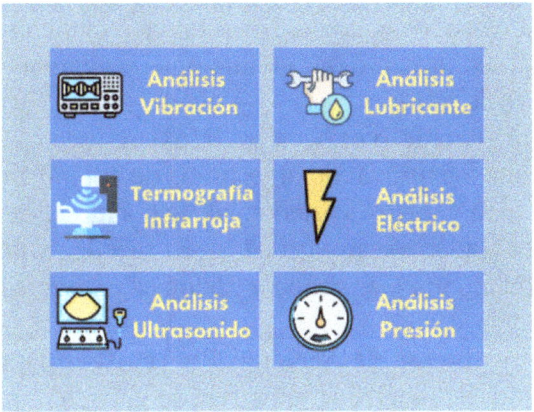

Figure 30

- **Monitoreo en Tiempo Real**: Utiliza sensores y sistemas de monitoreo para recoger datos continuos sobre parámetros operativos clave como temperatura, vibración, presión y flujo. Esta información proporciona una visión precisa del estado de los equipos.
- **Análisis de Datos**: Los datos recolectados son analizados para detectar patrones y anomalías que podrían indicar el inicio de un fallo. El análisis puede incluir técnicas de análisis de vibraciones, termografía, análisis de aceite y otros métodos de diagnóstico.
- **Toma de Decisiones**: Basado en el análisis, se toman decisiones sobre la necesidad de realizar mantenimiento. Esto

puede incluir la planificación de intervenciones antes de que se produzcan fallos, optimizando el tiempo y los recursos.

10.2. Uso de Datos y Análisis Predictivo en la Automatización

El análisis predictivo utiliza técnicas estadísticas y algoritmos de aprendizaje automático para prever el comportamiento futuro de los equipos basado en datos históricos y en tiempo real. Este enfoque permite anticipar fallos y planificar el mantenimiento de manera más eficaz.

- **Recolección de Datos**: Los datos históricos y en tiempo real se recogen mediante sensores y sistemas de monitoreo instalados en los equipos. Estos datos incluyen información sobre el rendimiento, las condiciones operativas y los patrones de fallo.
- **Modelos Predictivos**: Los modelos predictivos son desarrollados utilizando algoritmos de aprendizaje automático y análisis estadístico. Estos modelos analizan los datos para identificar patrones que preceden a fallos, permitiendo prever cuándo y dónde es probable que ocurran problemas.
- **Implementación de Acciones Preventivas**: Basado en los resultados del análisis predictivo, se pueden implementar acciones preventivas para evitar fallos. Esto puede incluir la planificación de paradas para mantenimiento, la sustitución de componentes críticos o la implementación de ajustes operativos.

10.3. Implementación de Sistemas de Mantenimiento Automatizado

La implementación de sistemas de mantenimiento automatizado integra tecnologías avanzadas para gestionar de manera eficiente el mantenimiento predictivo y preventivo. Estos sistemas permiten una supervisión continua y una respuesta rápida a las condiciones cambiantes de los equipos.

- **Sistemas de Monitoreo Automatizado**: Incluyen sensores y equipos de monitoreo que envían datos en tiempo real a una plataforma centralizada. Estos sistemas pueden automatizar la recolección de datos, el análisis y la generación de alertas.
- **Plataformas de Gestión de Mantenimiento**: Estas plataformas centralizan la información sobre el estado de los equipos, el historial de mantenimiento y las necesidades de intervención. Permiten la programación automática de mantenimientos, la generación de órdenes de trabajo y la gestión de recursos.
- **Alertas y Notificaciones**: Los sistemas automatizados envían alertas y notificaciones a los operadores y técnicos cuando se detectan condiciones anómalas o cuando se prevé un fallo. Esto permite una intervención rápida y precisa para evitar paradas no planificadas.
- **Optimización de Recursos**: La automatización del mantenimiento permite una planificación más eficiente de los recursos y del tiempo. Los técnicos pueden realizar mantenimientos en el momento óptimo y con las herramientas necesarias, reduciendo el tiempo de inactividad y los costos asociados.

En resumen, la automatización del mantenimiento predictivo es fundamental para mejorar la fiabilidad y eficiencia operativa a bordo de los buques. Implementar estrategias basadas en la condición de los equipos, utilizar análisis predictivo y adoptar sistemas de mantenimiento automatizado permite anticipar fallos, optimizar recursos y minimizar interrupciones, contribuyendo a una operación más segura y eficiente del buque.

11. Automatización de Sistemas de Seguridad y Emergencia

La automatización de sistemas de seguridad y emergencia en buques es esencial para garantizar una respuesta rápida y eficaz ante incidentes que podrían poner en peligro la seguridad del buque, su tripulación y la carga. Estos sistemas están diseñados para detectar, alertar y mitigar situaciones de emergencia, asegurando que se tomen las medidas adecuadas de manera automática y coordinada.

11.1. Sistemas Automáticos de Extinción de Incendios

Los sistemas automáticos de extinción de incendios son cruciales para la protección contra incendios a bordo de un buque. Estos sistemas deben ser capaces de detectar incendios rápidamente y activar mecanismos de extinción de manera eficiente.

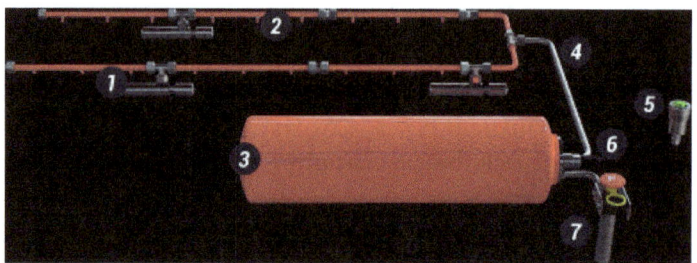

Figure 31

- **Detección de Incendios**: Utilizan sensores de humo, calor y llamas para identificar la presencia de un incendio. Los sistemas modernos pueden integrar tecnología de imagen térmica y cámaras de detección de fuego para una respuesta más precisa.
- **Sistemas de Extinción**: Incluyen rociadores automáticos, sistemas de espuma, CO_2 y otros agentes extintores. La activación automática puede basarse en la detección de incendios, la temperatura o la combinación de varios factores. Estos sistemas están diseñados para controlar el fuego en sus primeras etapas y minimizar daños.
- **Integración con Alarmas**: Los sistemas de extinción de incendios están integrados con sistemas de alarma para notificar a la tripulación y activar procedimientos de evacuación si es necesario. También pueden activar alarmas y señales visuales en áreas específicas afectadas por el incendio.
- **Mantenimiento y Pruebas**: La automatización permite realizar pruebas regulares y mantenimiento preventivo de los sistemas de extinción. Los sistemas pueden realizar autoevaluaciones y generar informes de estado para asegurar su funcionalidad.

11.2. Automatización en Sistemas de Detección de Gases y Fugas

La detección de gases y fugas es vital para prevenir riesgos asociados con la presencia de gases tóxicos, explosivos o inflamables a bordo. Los sistemas automatizados garantizan una respuesta inmediata ante la detección de anomalías.

- **Sensores de Gases**: Los sensores monitorean la presencia de gases como CO_2, metano, amoníaco y otros. Estos sensores pueden ser instalados en áreas críticas, como la sala de máquinas, los compartimentos de carga y las zonas de almacenamiento de combustible.
- **Sistemas de Alerta**: En caso de detección de gases peligrosos o fugas, los sistemas automatizados emiten alertas y notificaciones a la tripulación. Las alarmas pueden ser visuales, acústicas o a través de sistemas de comunicación interna.
- **Activación de Medidas Correctivas**: Los sistemas pueden activar automáticamente ventiladores de extracción, cerrar válvulas de gas, o activar sistemas de contención para mitigar el impacto de las fugas. La integración con sistemas de control permite ajustar automáticamente la ventilación y otras medidas correctivas.
- **Monitoreo y Registro**: Los sistemas automatizados registran datos sobre los niveles de gases y eventos de detección. Estos datos son utilizados para el análisis de tendencias, mantenimiento predictivo y cumplimiento normativo.

11.3. Protocolos de Emergencia Automatizados

Los protocolos de emergencia automatizados aseguran que las respuestas a situaciones críticas sean rápidas y coordinadas, minimizando el riesgo para la tripulación y el buque.

- **Planes de Evacuación**: Los sistemas automatizados pueden gestionar y coordinar planes de evacuación, activando alarmas y señalización para guiar a la tripulación hacia las rutas de escape. Los sistemas pueden proporcionar

instrucciones en tiempo real basadas en la ubicación del incidente.
- **Simulacros de Emergencia**: La automatización permite la programación y ejecución de simulacros de emergencia, evaluando la eficacia de los procedimientos y la preparación de la tripulación. Los resultados de estos simulacros se utilizan para mejorar los protocolos y la respuesta a emergencias.
- **Integración con Comunicaciones**: Los sistemas de emergencia se integran con redes de comunicación para coordinar con estaciones externas, como los centros de control en tierra o los servicios de emergencia. La automatización facilita la transmisión de información crítica y la coordinación de la respuesta.
- **Evaluación Post-Incidente**: Después de un incidente, los sistemas automatizados pueden realizar un análisis de eventos y generar informes detallados sobre la respuesta y el manejo de la emergencia. Esto ayuda a identificar áreas de mejora y a actualizar los procedimientos de emergencia.

En resumen, la automatización de sistemas de seguridad y emergencia a bordo de los buques es fundamental para una respuesta eficiente y efectiva ante situaciones críticas. La implementación de sistemas automáticos de extinción de incendios, detección de gases y fugas, y protocolos de emergencia garantiza que se tomen medidas adecuadas para proteger la seguridad del buque, la tripulación y la carga, minimizando los riesgos y los impactos de emergencias.

11.4. Sistemas de Seguridad Intrínseca

La seguridad intrínseca (IS) es un enfoque diseñado para prevenir que los equipos eléctricos desencadenen explosiones en entornos peligrosos. Un entorno peligroso es aquel donde es probable la presencia de mezclas de gases o polvos finos que pueden explotar. Los equipos eléctricos pueden encender estas mezclas si generan chispas o alcanzan altas temperaturas durante su funcionamiento. En un sistema intrínsecamente seguro, los equipos se diseñan e instalan de manera que no haya suficiente energía para causar la ignición de una mezcla de gas potencialmente explosiva, incluso si ocurre una falla.

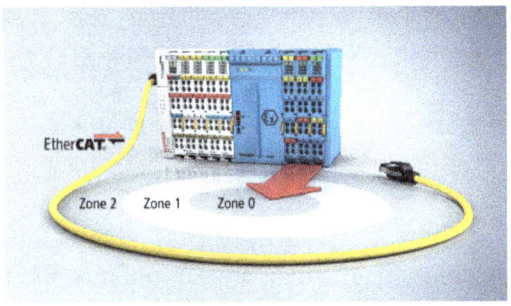

Figure 32

La seguridad intrínseca es una estrategia de protección aplicable a equipos eléctricos en zonas peligrosas con presencia de gases o polvo explosivo. Asegura que los dispositivos eléctricos se puedan operar de manera segura en estos ambientes.

Dónde se necesita seguridad intrínseca

Las atmósferas explosivas, que pueden contener gases inflamables, vapores, polvo combustible o fibras en suspensión, son comunes en industrias como la del petróleo y gas, productos químicos, alimentos y bebidas, y farmacéutica. Estas situaciones representan un riesgo significativo de incendios o explosiones si no se manejan de manera adecuada.

Para garantizar la seguridad de los trabajadores, las empresas deben analizar sus operaciones, identificar estas condiciones peligrosas y adoptar medidas para minimizar el riesgo de accidentes. La Unión Europea (UE) ha implementado directivas y normativas específicas para asegurar la seguridad en los lugares de trabajo y de los equipos empleados en atmósferas potencialmente explosivas.

La Directiva ATEX sobre el lugar de trabajo 1999/92/CE establece los requisitos mínimos para mejorar la seguridad de los trabajadores en atmósferas explosivas, que incluyen:

- Prevenir las atmósferas explosivas y evitar las fuentes de ignición.
- Analizar la probabilidad y duración de las atmósferas explosivas y clasificarlas en zonas.
- Instalar señalización adecuada en zonas con atmósferas explosivas.
- Proporcionar formación integral a los empleados.
- Utilizar equipos con certificación Ex.

La directiva de equipos ATEX 2014/34/UE abarca los equipos y sistemas de protección diseñados para atmósferas potencialmente explosivas, especificando requisitos de seguridad esenciales y procedimientos de evaluación de la conformidad.

Es frecuente la necesidad de emplear equipos e instrumentos eléctricos en zonas peligrosas. La serie de normas IEC/EN60079 define los requisitos necesarios para el diseño, selección e instalación de estos equipos en dichos entornos. Los equipos se certifican según las áreas de riesgo y los métodos de protección contra explosiones, y llevan la marca Ex para su identificación.

Las zonas peligrosas se clasifican según la frecuencia de atmósferas explosivas:

- Zona 0 (gas), 20 (polvo): Presencia continua o frecuente de atmósferas explosivas.
- Zona 1 (gas), 21 (polvo): Presencia ocasional de atmósferas explosivas.
- Zona 2 (gas), 22 (polvo): No suele haber atmósferas explosivas.

Métodos de protección para los equipos

Existen varios métodos de protección de los equipos. Estos son algunos ejemplos:

- Exd: protección mediante armarios antideflagrantes IEC/EN 60079-1: Este método contiene una explosión dentro del armario para evitar la propagación de llamas que podrían incendiar el gas circundante. Esto se conoce como protección "Exd".
- Exe: protección por seguridad aumentada IEC/EN 60079-7: El método "Exe" garantiza que los equipos eléctricos, en condiciones normales y de fallo, no generen chispas y mantengan la temperatura de la superficie dentro de límites seguros.

- Exi: protección por seguridad intrínseca IEC/EN 60079-11: "Exi" limita la corriente, la tensión y la energía almacenada dentro de un circuito eléctrico para evitar la ignición. Tiene tres subcategorías basadas en la zona peligrosa: Exia, Exib y Exic.

Exia: para el uso en aplicaciones de Zona 0/20

Exib: para el uso en aplicaciones de Zona 1/21

Exic: para el uso en aplicaciones de Zona 2/22

Qué es un circuito intrínsecamente seguro

La seguridad intrínseca se diferencia de otros métodos de protección porque requiere considerar todos los dispositivos dentro de un circuito y realizar un cálculo de entidad IS para asegurar la compatibilidad y las características eléctricas adecuadas.

Un circuito intrínsecamente seguro típico consiste en equipos simples o intrínsecamente seguros ubicados en una zona peligrosa, conectados a través de cableado intrínsecamente seguro a equipos asociados situados en una zona segura.

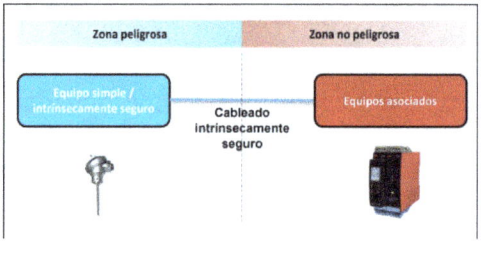

Figure 33

Lazo intrínsecamente seguro simple

Qué es un equipo simple

Los equipos simples son componentes eléctricos con propiedades eléctricas bien definidas que están en consonancia con la seguridad intrínseca del circuito. Por lo general, no generan ni almacenan más de 1,5 voltios, 0,1 amperios, 25 mW o 20 µJ y, a menudo, incluyen dispositivos como RTD, termopares, potenciómetros e interruptores. Los equipos simples generalmente no requieren de certificación.

Qué es un equipo intrínsecamente seguro

Los equipos intrínsecamente seguros, como transmisores de temperatura, válvulas solenoides y convertidores I/P, están diseñados para operar en zonas peligrosas y requieren certificación debido a su capacidad para almacenar energía. Esta certificación abarca la clasificación de las áreas peligrosas y establece parámetros específicos de entidad para los límites de tensión, potencia y corriente, que son fundamentales para los cálculos en un circuito IS.

Qué es un equipo asociado

Los lazos de seguridad intrínseca, diseñados para prevenir que la energía eléctrica o térmica provoque explosiones en zonas peligrosas, requieren una interfaz segura entre los dispositivos ubicados tanto en áreas peligrosas como seguras. Para esto, se emplean habitualmente barreras intrínsecamente seguras, conocidas también como "barreras Zener" o "aisladores galvánicos intrínsecamente seguros".

Los equipos asociados son dispositivos eléctricos ubicados en áreas seguras de una planta industrial y su función principal es controlar y limitar la transferencia de energía desde la zona segura hacia la zona peligrosa. Lo más importante es que están diseñados para asegurar que, incluso en caso de fallo, la energía liberada no sea suficiente para encender una atmósfera explosiva.

Interfaces I.S. Parámetros de la entidad y cálculo del lazo

El diseño de los circuitos intrínsecamente seguros depende de un cálculo del "lazo de seguridad intrínseca I.S.". Los parámetros de entidad específicos para cada componente o dispositivo se comparan para determinar la compatibilidad. Luego se realiza un cálculo basado en los valores de capacitancia e inductancia para determinar la longitud máxima del cable.

AUTOMATIZACIÓN DE CÁMARAS DE MÁQUINAS

Aparato intrínsecamente seguro	Aparato asociado
Ui – tensión de entrada máxima	Uo – tensión de salida máxima
Ii – corriente de entrada máxima	Io – corriente de salida máxima
Pi – potencia de entrada máxima	Po – potencia de salida máxima
Ci – capacitancia interna máxima	Co – capacitancia de lazo máxima admitida
Li – inductancia interna máxima	Lo – inductancia de lazo máxima admitida
Cable	
Lcable – inductancia del cable	Ccable – capacitancia del cable

Figure 34

En la siguiente tabla se muestran los parámetros de entidad típicos para cada componente del lazo.

Para comprobar la compatibilidad, comparamos los valores del equipo asociado con los del equipo intrínsecamente seguro. Se realiza un cálculo para determinar la longitud máxima del cable teniendo en cuenta los valores de capacitancia e inductancia relevantes.

Estos son los requisitos para el lazo de seguridad intrínseca (I.S.):

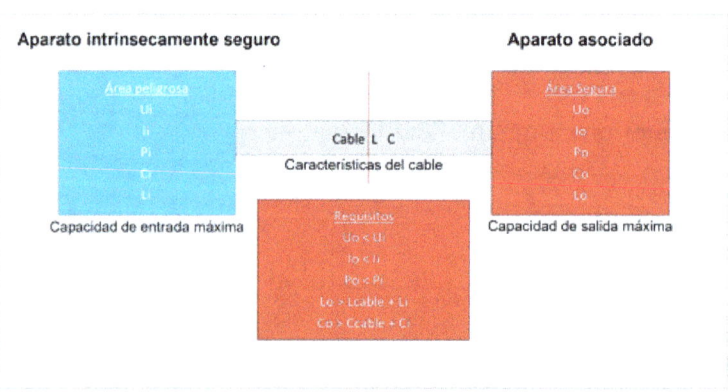

Figure 35

Ventajas de la seguridad intrínseca

La seguridad intrínseca ofrece diversas ventajas:

- Mantenimiento simplificado con posibilidad de trabajar en circuitos activos.

- Costes más bajos en comparación con los armarios antideflagrantes y los componentes asociados.
- Diseños con tolerancia de fallo.
- Aplicable a todas las zonas de gas y polvo.

Los sistemas más utilizados para hacer un equipo intrínsecamente seguro so:

- Barreras Zener

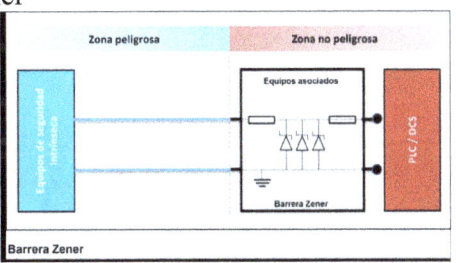

Figure 36

Figure 37

- Aislador Galvánico

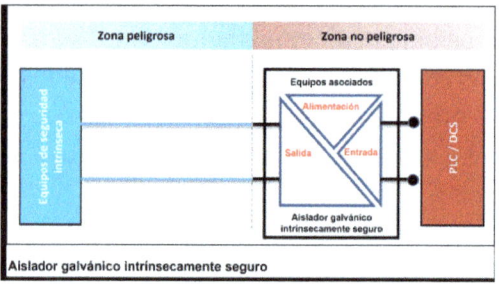

Figure 38

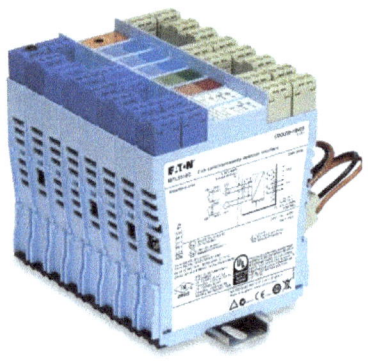

Figure 39

12. Desafíos y Tendencias Futuras

La automatización en el sector marítimo está en constante evolución, impulsada por avances tecnológicos y nuevas demandas operativas. Sin embargo, también enfrenta varios desafíos que deben ser abordados para maximizar su efectividad y seguridad. Este apartado explora los principales desafíos actuales y las tendencias futuras en la automatización marítima.

12.1. Integración de la Automatización con Tecnologías Emergentes (IoT, Big Data, IA)

La integración de tecnologías emergentes con los sistemas de automatización marítima está transformando la forma en que los buques operan y gestionan sus sistemas.

- **Internet de las Cosas (IoT)**: El IoT permite la interconexión de dispositivos y sistemas a bordo del buque, facilitando el intercambio de datos en tiempo real. Esto mejora la visibilidad y el control sobre todos los aspectos operativos, desde el monitoreo de motores hasta la gestión de la carga. Los sensores conectados a través de IoT proporcionan información valiosa que puede ser utilizada para optimizar el rendimiento y prevenir fallos.
- **Big Data**: La recopilación y análisis de grandes volúmenes de datos generados por sensores y sistemas de monitoreo permite identificar patrones y tendencias operativas. El análisis de Big Data ayuda a prever problemas, optimizar el mantenimiento y tomar decisiones informadas sobre la gestión de recursos y la operación del buque.
- **Inteligencia Artificial (IA)**: La IA se utiliza para desarrollar modelos predictivos y algoritmos de aprendizaje automático que mejoran la capacidad de los sistemas automatizados para anticipar fallos y optimizar operaciones. Los sistemas basados en IA pueden analizar datos complejos y proporcionar recomendaciones basadas en patrones históricos y en tiempo real.

12.2. Automatización en Buques Autónomos

Los buques autónomos representan una de las áreas más innovadoras y disruptivas en la automatización marítima. La automatización total o casi total de la operación de un buque presenta varias oportunidades y desafíos:

- **Tecnología de Control Autónomo**: Los buques autónomos utilizan sistemas avanzados de control y navegación para operar sin intervención humana. Esto incluye tecnologías

como el pilotaje automático avanzado, la navegación por inteligencia artificial y los sistemas de control de tráfico marítimo automatizados.
- **Desafíos Regulatorios**: La implementación de buques autónomos enfrenta desafíos regulatorios significativos, incluyendo la necesidad de desarrollar y adaptar normativas para garantizar la seguridad y la responsabilidad en el mar. Las regulaciones deben abordar aspectos como la responsabilidad en caso de incidentes y la interoperabilidad entre buques autónomos y tripulados.
- **Seguridad Cibernética**: Los buques autónomos están expuestos a riesgos de ciberseguridad, dado que dependen en gran medida de sistemas de comunicación y control basados en redes. La protección contra ataques cibernéticos y la implementación de medidas de seguridad robustas son cruciales para garantizar la integridad y la seguridad de estos sistemas.

12.3. Impacto Ambiental y Sostenibilidad en la Automatización Marítima

La automatización también juega un papel crucial en la mejora de la sostenibilidad y la reducción del impacto ambiental en el sector marítimo.

- **Eficiencia Energética**: La automatización permite la optimización del consumo de energía a bordo, reduciendo el uso de combustibles fósiles y mejorando la eficiencia operativa. Sistemas automatizados de gestión de energía pueden ajustar el consumo y la producción de energía de manera dinámica para minimizar el impacto ambiental.
- **Reducción de Emisiones**: Tecnologías automatizadas en motores y sistemas de propulsión pueden ayudar a reducir las emisiones de gases contaminantes. El monitoreo y control precisos de los sistemas de combustión y los procesos de exhaustación contribuyen a cumplir con las normativas ambientales y a disminuir la huella de carbono de los buques.
- **Gestión de Residuos**: La automatización en el manejo de residuos y el tratamiento de aguas residuales a bordo facilita

una gestión más eficiente y ecológica. Los sistemas automatizados pueden asegurar que los residuos sean tratados adecuadamente antes de su descarga y reducir el impacto ambiental asociado con las operaciones del buque.

En resumen, la automatización en el sector marítimo está evolucionando rápidamente, impulsada por la integración de tecnologías emergentes, el desarrollo de buques autónomos y la creciente necesidad de sostenibilidad ambiental. Aunque estos avances ofrecen numerosas oportunidades para mejorar la eficiencia y la seguridad, también presentan desafíos que deben ser abordados para garantizar una implementación exitosa y segura. El enfoque en la innovación continua y la adaptación a nuevas tecnologías será fundamental para el futuro de la automatización marítima.

13. Estudios de Casos y Aplicaciones Prácticas

El análisis de estudios de casos y aplicaciones prácticas proporciona una visión profunda sobre cómo se implementan y operan los sistemas de automatización en buques en situaciones reales. Estos casos ilustran tanto los beneficios como los desafíos asociados con la automatización, ofreciendo lecciones valiosas y mejores prácticas que pueden ser aplicadas en futuros proyectos.

13.1. Implementación de Sistemas Automatizados en Buques Modernos

La implementación de sistemas automatizados en buques modernos ejemplifica cómo la tecnología puede mejorar la eficiencia operativa y la seguridad. Este apartado analiza varios casos en los que se ha integrado la automatización para optimizar la operación de buques.

- **Caso 1: Buque de Carga Automatizado**
  Contexto: Un buque de carga ha sido equipado con un sistema de automatización avanzado para la gestión de la carga y la propulsión.
  Implementación: El sistema automatizado incluye control de carga, monitorización en tiempo real de las condiciones del

buque y sistemas de propulsión ajustables.
Resultados: La automatización ha permitido una gestión más eficiente del espacio de carga y una operación más fluida del sistema de propulsión, reduciendo el consumo de combustible y mejorando la eficiencia de la carga.

- **Caso 2: Buque de Pasajeros con Sistemas de Control Automatizado**
  Contexto: Un buque de pasajeros ha implementado un sistema de control automatizado para el manejo de los sistemas de climatización, iluminación y seguridad.
  Implementación: El sistema incluye control de climatización basado en la ocupación, iluminación ajustable y sistemas de alarma automatizados.
  Resultados: La automatización ha mejorado el confort de los pasajeros y la seguridad del buque, reduciendo el consumo energético y optimizando los recursos del buque.

- **Caso 3: Buque Petrolero con Monitoreo de Sistemas Críticos**
  Contexto: Un buque petrolero ha integrado un sistema de monitoreo automatizado para supervisar los sistemas de bombeo, compresión y control de gases.
  Implementación: Se ha instalado un sistema de sensores y análisis en tiempo real para detectar fugas de gases y fallos en el equipo.
  Resultados: El sistema ha aumentado la seguridad al proporcionar alertas tempranas y facilitar una respuesta rápida a problemas críticos, reduciendo el riesgo de incidentes.

13.2. Lecciones Aprendidas de Incidentes y Fallos de Automatización

El estudio de incidentes y fallos relacionados con la automatización proporciona información valiosa sobre las posibles debilidades y áreas de mejora en los sistemas automatizados.

- **Incidente 1: Fallo en el Sistema de Control de Propulsión**
  Descripción: Un fallo en el sistema automatizado de control de propulsión llevó a una pérdida temporal de control durante

una tormenta.
Causa: Se identificó que el problema fue causado por una falla en la integración de datos entre sensores y el sistema de control.
Lección Aprendida: La importancia de realizar pruebas exhaustivas de integración y redundancia en los sistemas de control para evitar la pérdida de datos críticos.
- **Incidente 2: Error en el Sistema de Alarma de Incendios**
Descripción: Un error en el sistema automatizado de alarma de incendios resultó en una demora en la activación de los sistemas de extinción.
Causa: El fallo se debió a una actualización de software que no se había probado adecuadamente.
Lección Aprendida: La necesidad de una gestión rigurosa de cambios y actualizaciones de software, así como pruebas regulares de todos los sistemas críticos.
- **Incidente 3: Malfuncionamiento en el Sistema de Monitoreo de Gases**
Descripción: Un malfuncionamiento en el sistema de monitoreo de gases resultó en una falsa alarma de fuga.
Causa: El problema se debió a un mal calibrado de los sensores.
Lección Aprendida: La importancia de una calibración regular y precisa de los sensores para evitar falsas alarmas y asegurar la fiabilidad del sistema.

13.3. Mejores Prácticas y Recomendaciones para la Automatización en la Industria Marítima

Las mejores prácticas y recomendaciones derivadas de la experiencia práctica ayudan a garantizar que los sistemas de automatización sean implementados y mantenidos de manera efectiva.

- **Implementación Gradual**: Adoptar un enfoque gradual en la implementación de sistemas automatizados, comenzando con pruebas piloto y escalando conforme a la validación de los sistemas. Esto permite identificar y corregir problemas en fases tempranas.

- **Entrenamiento de la Tripulación**: Asegurar que la tripulación esté adecuadamente entrenada en el uso de sistemas automatizados. El entrenamiento debe incluir tanto el funcionamiento normal como la respuesta a fallos y emergencias.
- **Mantenimiento Regular y Pruebas**: Realizar mantenimiento regular y pruebas exhaustivas de los sistemas automatizados para asegurar su funcionamiento óptimo. Esto incluye revisiones periódicas y simulacros para verificar la efectividad del sistema en situaciones de emergencia.
- **Redundancia y Backup**: Implementar sistemas de redundancia y backup para asegurar que, en caso de fallo de un componente, el sistema pueda seguir operando con mínima interrupción. La redundancia es esencial para la seguridad y fiabilidad de los sistemas críticos.
- **Actualización Continua**: Mantener los sistemas automatizados actualizados con las últimas tecnologías y estándares. La actualización continua ayuda a mejorar la funcionalidad, seguridad y eficiencia operativa del sistema.

En conclusión, los estudios de casos y aplicaciones prácticas proporcionan una comprensión profunda de cómo los sistemas de automatización se implementan y operan en el mundo real. Analizar incidentes y aprender de ellos permite mejorar la calidad y la seguridad de la automatización, mientras que seguir las mejores prácticas asegura una implementación y operación efectivas.

Anexos

- A1. Glosario de términos técnicos
- A2. Referencias normativas y bibliográficas
- A3. Software y herramientas de simulación y diseño

Glosario de Términos de Automatización en Máquinas Marinas

Este glosario proporciona definiciones y descripciones de los términos clave utilizados en la automatización de máquinas marinas, facilitando la comprensión de conceptos técnicos y su aplicación en el contexto marítimo.

A

- **Actuador**: Dispositivo que convierte una señal de control en una acción física, como abrir una válvula o mover un componente mecánico. Los actuadores pueden ser eléctricos, neumáticos o hidráulicos.
- **Alarmas de Sistema**: Señales o notificaciones automáticas generadas por sistemas de monitoreo para alertar a la tripulación sobre condiciones anómalas o fallos en el sistema.

B

- **Big Data**: Conjunto de técnicas y tecnologías para analizar grandes volúmenes de datos, identificando patrones y tendencias para optimizar la operación y el mantenimiento de los sistemas automatizados.
- **Bus de Comunicación**: Red de comunicación que permite la transferencia de datos entre diferentes dispositivos y sistemas dentro de un sistema de automatización.

C

- **Controlador Lógico Programable (PLC)**: Dispositivo electrónico utilizado para automatizar procesos y operaciones mediante la programación de secuencias lógicas. Los PLCs son fundamentales en la automatización de máquinas y procesos marinos.
- **Control PID (Proporcional, Integral, Derivativo)**: Algoritmo de control utilizado en sistemas de automatización para mantener variables de proceso (como temperatura o

presión) en un valor deseado mediante ajustes proporcionales, integrales y derivativos.

D

- **Diagnóstico Predictivo**: Método que utiliza datos y análisis para predecir posibles fallos o problemas en los sistemas antes de que ocurran, permitiendo un mantenimiento proactivo.
- **Dispositivo de Medición**: Herramienta o sensor utilizado para medir variables como temperatura, presión, flujo o nivel en un sistema automatizado.

E

- **Ethernet Industrial**: Tipo de red de comunicación utilizada para la conexión de dispositivos y sistemas en un entorno industrial, proporcionando alta velocidad y fiabilidad en la transferencia de datos.
- **Escalabilidad**: Capacidad de un sistema para adaptarse y expandirse según las necesidades futuras, sin necesidad de cambios significativos en su infraestructura.

F

- **Fallo en el Sistema**: Condición en la que un componente o sistema automatizado deja de funcionar correctamente, lo que puede afectar la operación del buque o de un proceso específico.
- **Funcionamiento de Respaldo**: Sistemas de respaldo que aseguran que la operación continúe en caso de fallo del sistema principal, mediante la duplicación de funciones críticas.

G

- **Gestión de Energía**: Control y optimización del consumo de energía en un buque, utilizando sistemas automatizados para reducir costos y mejorar la eficiencia energética.

- **GPS (Sistema de Posicionamiento Global)**: Sistema de navegación por satélite utilizado para determinar la ubicación y movimiento del buque, integrado en sistemas de automatización para mejorar la navegación y el control.

H

- **HMI (Interfaz Hombre-Máquina)**: Dispositivo o software que permite a los operadores interactuar con los sistemas automatizados, visualizando datos y controlando procesos a través de una interfaz gráfica.
- **Histórico de Datos**: Registro de datos recopilados a lo largo del tiempo sobre el rendimiento y el estado de los sistemas automatizados, utilizado para análisis y optimización.

I

- **IA (Inteligencia Artificial)**: Tecnología que permite a los sistemas automatizados aprender y adaptarse a partir de datos y experiencias, mejorando la toma de decisiones y el control de procesos.
- **IoT (Internet de las Cosas)**: Red de dispositivos y sensores conectados que intercambian datos a través de Internet, mejorando la visibilidad y control de los sistemas automatizados en un buque.

L

- **Legibilidad de Datos**: Claridad y facilidad con la que se pueden interpretar los datos proporcionados por los sistemas automatizados, fundamental para la toma de decisiones y el análisis.
- **Lógica de Control**: Conjunto de reglas y procedimientos utilizados para gestionar el funcionamiento de los sistemas automatizados, asegurando que las acciones se tomen en función de las condiciones y entradas del sistema.

M

- **Mantenimiento Predictivo**: Estrategia de mantenimiento basada en el análisis de datos y condiciones operativas para prever y prevenir fallos antes de que ocurran, optimizando la disponibilidad y fiabilidad del equipo.
- **Monitorización en Tiempo Real**: Proceso de vigilancia continua de los sistemas y parámetros operativos, proporcionando información instantánea para la toma de decisiones y el ajuste de controles.

N

- **Normativas Marítimas**: Reglas y estándares internacionales que regulan la seguridad, la operación y el mantenimiento de los sistemas automatizados a bordo de los buques.
- **Nube (Cloud)**: Infraestructura de almacenamiento y procesamiento de datos en servidores remotos, permitiendo el acceso y análisis de datos de sistemas automatizados desde cualquier lugar.

P

- **Protocolo de Comunicación**: Conjunto de reglas que define cómo se transmiten y reciben los datos entre dispositivos en una red de comunicación.
- **Programación de Secuencias**: Técnica utilizada en los PLCs para definir y ejecutar secuencias de operaciones automatizadas, como el arranque y parada de equipos.

R

- **Redundancia**: Estrategia de diseño que incluye componentes o sistemas duplicados para asegurar la continuidad operativa en caso de fallo de un componente principal.
- **Regulación Automática**: Proceso mediante el cual los sistemas automatizados ajustan parámetros operativos en función de condiciones y objetivos predefinidos, como el control de temperatura o presión.

S

- **SCADA (Control de Supervisión y Adquisición de Datos)**: Sistema utilizado para supervisar y controlar procesos industriales a través de una interfaz centralizada, recopilando y analizando datos en tiempo real.
- **Sensores**: Dispositivos que detectan y miden variables físicas como temperatura, presión, flujo y nivel, proporcionando datos esenciales para la automatización y control de procesos.

T

- **Telemetría**: Tecnología que permite la transmisión remota de datos desde los sistemas a bordo del buque a estaciones de control en tierra o a otros dispositivos, facilitando el monitoreo y control a distancia.
- **Tendencias Tecnológicas**: Avances y desarrollos recientes en tecnología que impactan la automatización marítima, como la inteligencia artificial, el Internet de las Cosas y las tecnologías de comunicación avanzada.

U

- **Usuarios Finales**: Personas que operan y mantienen los sistemas automatizados a bordo del buque, como ingenieros y operadores. Su capacitación y familiaridad con el sistema son cruciales para su correcto funcionamiento.
- **Unidad de Control**: Dispositivo que centraliza el control y la gestión de diversos sistemas automatizados en un buque, integrando diferentes funciones y asegurando su coordinación.

V

- **Variables de Proceso**: Parámetros medidos y controlados en un sistema automatizado, como temperatura, presión y flujo, que afectan el rendimiento y la seguridad del proceso.
- **Vulnerabilidades de Seguridad**: Posibles puntos débiles en los sistemas de automatización que pueden ser explotados por ataques cibernéticos o fallos, requiriendo medidas de protección y seguridad adecuadas.

Este glosario ofrece una visión general de los términos clave utilizados en la automatización de máquinas marinas, facilitando la comprensión y la comunicación entre profesionales del sector.

Referencias Normativas

1. **Código Internacional de Seguridad para Buques y para las Instalaciones Portuarias (ISPS Code)**
   - **Publicador**: Organización Marítima Internacional (OMI)
   - **Año**: 2002
   - **Descripción**: Normativa que establece los requisitos de seguridad para los buques y las instalaciones portuarias, incluyendo aspectos relacionados con la automatización y el monitoreo de sistemas.
2. **Código Internacional de Seguridad para Buques que Transportan Carga de Grano y Carga de Grano (GC Code)**
   - **Publicador**: Organización Marítima Internacional (OMI)
   - **Año**: 2014
   - **Descripción**: Establece los requisitos de seguridad para la carga de grano en los buques, con consideraciones sobre la automatización de sistemas de carga y monitoreo.
3. **Reglamento Técnico de Buques de Pasajeros (SOLAS, Safety of Life at Sea)**
   - **Publicador**: Organización Marítima Internacional (OMI)
   - **Año**: 2020
   - **Descripción**: Establece normas de seguridad para la construcción, equipo y operación de buques de pasaje, incluyendo sistemas automatizados para la seguridad y monitoreo.
4. **Normas IEC 60092 (Electrical Installations in Ships)**
   - **Publicador**: International Electrotechnical Commission (IEC)
   - **Año**: 2017
   - **Descripción**: Normas técnicas que cubren las instalaciones eléctricas en buques, relevantes para la automatización de sistemas eléctricos a bordo.
5. **ISO 81714 (Design of Graphical Symbols for Use in the Technical Documentation of Products)**

- **Publicador**: International Organization for Standardization (ISO)
- **Año**: 2014
- **Descripción**: Estándar para el diseño de símbolos gráficos utilizados en documentación técnica, aplicable para interfaces de usuario en sistemas automatizados.
6. **ISO 11064 (Ergonomic Design of Control Centres)**
    - **Publicador**: International Organization for Standardization (ISO)
    - **Año**: 2021
    - **Descripción**: Normas para el diseño ergonómico de centros de control, incluyendo consideraciones para el diseño de interfaces en sistemas automatizados a bordo de buques.
7. **ISO 14693 (Automatic Identification Systems for Ships)**
    - **Publicador**: International Organization for Standardization (ISO)
    - **Año**: 2020
    - **Descripción**: Normas para los sistemas de identificación automática de buques, que incluyen aspectos de automatización y comunicación.

Referencias Bibliográficas

1. **"Marine Automation: Principles and Practice"**
    - **Autor**: G. S. Stobart
    - **Editorial**: Springer
    - **Año**: 2011
    - **Descripción**: Un libro exhaustivo sobre los principios y prácticas de la automatización marina, cubriendo desde fundamentos hasta aplicaciones prácticas.
2. **"Ship Automation and Control Systems"**
    - **Autor**: R. K. Gupta
    - **Editorial**: Wiley
    - **Año**: 2015

- **Descripción**: Este texto proporciona una visión integral sobre los sistemas de automatización y control en el contexto de la ingeniería naval.
3. **"Introduction to Marine Engineering"**
    - **Autor**: D. A. Taylor
    - **Editorial**: Butterworth-Heinemann
    - **Año**: 2019
    - **Descripción**: Un recurso fundamental para comprender los conceptos básicos de la ingeniería marina, incluyendo aspectos de automatización en máquinas de buques.
4. **"Control Systems for Marine Applications"**
    - **Autor**: D. R. C. R. Silva
    - **Editorial**: Elsevier
    - **Año**: 2014
    - **Descripción**: Aborda los sistemas de control aplicados a las aplicaciones marinas, con un enfoque en la automatización y su integración en la operación de buques.
5. **"Marine Electrical Equipment and Practice"**
    - **Autor**: B. A. L. Williams
    - **Editorial**: Routledge
    - **Año**: 2017
    - **Descripción**: Examina el equipo eléctrico marino y las prácticas asociadas, ofreciendo una perspectiva sobre cómo la automatización se integra en los sistemas eléctricos de los buques.
6. **"Handbook of Marine Craft Hydrodynamics and Motion Control"**
    - **Autor**: M. A. B. M. N. Choi
    - **Editorial**: Wiley
    - **Año**: 2018
    - **Descripción**: Un manual detallado que cubre aspectos de dinámica y control de embarcaciones, incluyendo sistemas automatizados y su impacto en el rendimiento.
7. **"Practical Guide to Marine Electrical Systems"**
    - **Autor**: R. B. McGill
    - **Editorial**: MarineTech Publishing
    - **Año**: 2020

- **Descripción**: Guía práctica sobre sistemas eléctricos marinos, incluyendo la automatización de estos sistemas y la integración con otros componentes a bordo.

Estas referencias ofrecen una base sólida para entender y aplicar los conceptos de automatización en el contexto de las máquinas marinas. La combinación de normativas, estándares y literatura técnica proporciona una visión completa y actualizada sobre el tema.

Software y Herramientas de Simulación y Diseño para Automatización Marítima

A continuación, se proporciona una lista de herramientas de software y herramientas de simulación y diseño que son útiles para la automatización en las cámaras de máquinas de buques. Estas herramientas abarcan desde el diseño y simulación de sistemas hasta el control y monitoreo de procesos automatizados.

1. Herramientas de Diseño y Programación de Sistemas

1. **Siemens TIA Portal**
   - **Descripción**: Entorno de desarrollo integrado para la programación y configuración de sistemas de automatización industrial, incluyendo PLCs y HMI.
   - **Uso**: Diseño y configuración de sistemas de control y automatización a bordo de buques.
2. **Rockwell Automation Studio 5000**
   - **Descripción**: Plataforma de software para la programación de PLCs y el diseño de sistemas de control. Ofrece herramientas para el diseño de sistemas de control, visualización y análisis.
   - **Uso**: Creación y gestión de sistemas de automatización y control en entornos industriales y marinos.
3. **Schneider Electric EcoStruxure Control Expert**
   - **Descripción**: Software para la programación de PLCs, con capacidades de diseño, configuración y mantenimiento de sistemas automatizados.
   - **Uso**: Desarrollo y gestión de sistemas de control para maquinaria y procesos a bordo.
4. **Emerson DeltaV**
   - **Descripción**: Sistema de control distribuido (DCS) que proporciona herramientas para la configuración, programación y monitoreo de procesos industriales.
   - **Uso**: Implementación y supervisión de sistemas automatizados en entornos marítimos e industriales.
5. **Siemens SIMATIC STEP 7**

- o **Descripción**: Software para la programación y configuración de PLCs Siemens, incluyendo herramientas para la simulación y diagnóstico.
- o **Uso**: Diseño y gestión de sistemas de control en máquinas y procesos marinos.

2. Herramientas de Simulación y Modelado

6. **MATLAB/Simulink**
    - o **Descripción**: Plataforma para el diseño, simulación y análisis de sistemas dinámicos. Ofrece herramientas para modelar y simular sistemas de control y automatización.
    - o **Uso**: Modelado y simulación de sistemas de control y procesos automatizados en entornos marinos.
7. **COMSOL Multiphysics**
    - o **Descripción**: Software de simulación que permite modelar y analizar sistemas físicos en múltiples dominios, incluyendo fluidos, mecánica y electrónica.
    - o **Uso**: Simulación de sistemas complejos y análisis de rendimiento en el diseño de equipos y procesos marinos.
8. **ANSYS Fluent**
    - o **Descripción**: Herramienta de simulación para el análisis de dinámica de fluidos y transferencia de calor.
    - o **Uso**: Modelado de sistemas de refrigeración y ventilación a bordo de buques.
9. **Dymola**
    - o **Descripción**: Herramienta de simulación para modelos dinámicos y sistemas multidisciplinares.
    - o **Uso**: Simulación y análisis de sistemas complejos, incluyendo procesos marinos y automatización.
10. **Plexim PLECS**
    - o **Descripción**: Software para la simulación de sistemas electrónicos de potencia y control.
    - o **Uso**: Modelado y análisis de sistemas eléctricos y electrónicos en la automatización marítima.

3. Herramientas de Visualización y Monitoreo

11. **Wonderware InTouch**
    - **Descripción**: Software para la creación de interfaces gráficas y monitoreo en tiempo real.
    - **Uso**: Desarrollo de interfaces HMI para la supervisión y control de sistemas automatizados a bordo de buques.
12. **Ignition by Inductive Automation**
    - **Descripción**: Plataforma de software para el diseño de interfaces SCADA y el monitoreo en tiempo real.
    - **Uso**: Supervisión y control de sistemas de automatización y datos en tiempo real en entornos marinos.
13. **GE Digital iFIX**
    - **Descripción**: Software SCADA para la visualización y control de procesos industriales.
    - **Uso**: Implementación de sistemas SCADA para la gestión de operaciones automatizadas en buques.
14. **Kepware KEPServerEX**
    - **Descripción**: Plataforma de comunicación que conecta dispositivos industriales con software de supervisión y control.
    - **Uso**: Integración y comunicación entre sistemas de automatización y dispositivos en un entorno marino.

4. Herramientas de Análisis y Mantenimiento Predictivo

15. **OSIsoft PI System**
    - **Descripción**: Plataforma para la recopilación, análisis y visualización de datos en tiempo real.
    - **Uso**: Análisis de datos operativos y mantenimiento predictivo en sistemas automatizados a bordo de buques.
16. **IBM Maximo**
    - **Descripción**: Software de gestión de activos y mantenimiento predictivo.
    - **Uso**: Gestión del mantenimiento y análisis predictivo de sistemas y equipos en el entorno marítimo.
17. **SAP Predictive Maintenance and Service**
    - **Descripción**: Herramienta para el análisis predictivo y la gestión del mantenimiento.

- **Uso**: Optimización del mantenimiento y la operación de sistemas automatizados en buques.

Resumen

Estas herramientas son fundamentales para el diseño, simulación, programación, y monitoreo de sistemas automatizados en las cámaras de máquinas de buques. Su uso adecuado puede mejorar la eficiencia operativa, la seguridad y la fiabilidad de los sistemas a bordo.

INDICE DE FIGURAS

Figure 1 7
Figure 2 15
Figure 3 15
Figure 4 16
Figure 5 16
Figure 6 17
Figure 7 17
Figure 8 18
Figure 9 18
Figure 10 18
Figure 11 19
Figure 12 19
Figure 13 20
Figure 14 20
Figure 15 20
Figure 16 21
Figure 17 28
Figure 18 28
Figure 19 30
Figure 20 34
Figure 21 36
Figure 22 40
Figure 23 46
Figure 24 50
Figure 25 52
Figure 26 55
Figure 27 58
Figure 28 62
Figure 29 64
Figure 30 81
Figure 31 84
Figure 32 87
Figure 33 90
Figure 34 92

Figure 35..92
Figure 36..93
Figure 37..93
Figure 38..94
Figure 39..94

ACERCA DEL AUTOR

Andrés Merino Tallafigo es Capitán de la Marina Mercante Española por la Escuela Oficial de Náutica y Máquinas de Cádiz. Ha asistido a numerosos Cursos de Automatización Naval, Sistemas de Navegación por Satélite, Sistemas de Seguimiento Radar Marítimo y Aéreo, Sistemas Integrados de Comunicaciones, habiendo impartido Cursos sobre Automatización de Técnicas Navales. Desde 1977, se graduó como Especialista en Comercio Exterior por la Cámara de Comercio de Madrid. Navegó como Oficial y Capitán en varias Empresas durante 16 años Ha trabajado 6 años en el Proyecto de Automatización de la Empresa Nacional ELCANO como investigador para la Instalación de Ordenadores de buque "B/C CASTILLO DE LA MOTA", habiendo sido propuesto para la Medalla al Mérito Naval. Trabajó durante 16 años como Ingeniero de Desarrollo de Sistemas de Automatización Naval en la Empresa "Hispano Radio Marítima S.A." y durante 10 años, como Ingeniero de Sistemas de Automatización Navales y Aéreos en la Empresa PAGE IBÉRICA S.A., participando en diversidad de Proyectos de investigación y desarrollo de Sistemas de Control de Tráfico Aéreo y Marítimo en todo el mundo, principalmente localizados en África Occidental.

www.ingramcontent.com/pod-product-compliance
Lightning Source LLC
Chambersburg PA
CBHW050306230526
45471CB00005B/2048